中等职业学校规划教材
浙江省中职选择性课改教材

仪器分析技术

石小飞　宣丹虹　主编

化学工业出版社
·北京·

《仪器分析技术》共分四个项目，主要介绍了紫外-可见分光光度分析技术、原子吸收分光光度分析技术、电位分析技术、气相和液相色谱分析技术。每个项目都由若干个任务组成，共13个任务，每个任务列出了任务简介、任务目标、任务准备、内容，每个任务结束后都有知识链接、任务总结和思考题，以帮助读者掌握知识要点和技能要点。为方便教学，本书配有电子课件。

本书重在应用，适合中等职业学校化工类专业的教学使用，也可作为企业相关员工化学检验技术的培训教材。

图书在版编目（CIP）数据

仪器分析技术/石小飞，宣丹虹主编. —北京：化学工业出版社，2018.6（2024.11重印）
中等职业学校规划教材　浙江省中职选择性课改教材
ISBN 978-7-122-31940-1

Ⅰ. ①仪…　Ⅱ. ①石…　②宣…　Ⅲ. ①仪器分析-中等专业学校-教材　Ⅳ. ①O657

中国版本图书馆CIP数据核字（2018）第073871号

责任编辑：旷英姿　林　媛
责任校对：宋　玮　　　　　　　　装帧设计：关　飞

出版发行：化学工业出版社（北京市东城区青年湖南街13号　邮政编码100011）
印　　装：涿州市般润文化传播有限公司
787mm×1092mm　1/16　印张8　字数179千字　2024年11月北京第1版第3次印刷

购书咨询：010-64518888　　　　　　售后服务：010-64518899
网　　址：http://www.cip.com.cn
凡购买本书，如有缺损质量问题，本社销售中心负责调换。

定　　价：35.00元

前言

仪器分析以其灵敏度高、选择性好、操作简便、分析速度快等特点，使其在工业分析、食品分析、药物分析、环境保护、生命科学等领域的应用突飞猛进。本教材共分四大项目，着重介绍当今仪器分析中最常用的紫外–可见分光光度分析技术、原子吸收分光光度分析技术、电位分析技术、气相色谱和液相色谱分析技术。

本教材为适应现代职业教育发展需要，采用项目教学法的课改模式，立足实用，注重实践，根据现在中职学生的特点，实验选题都是比较成熟的基础实验，实验的可靠性、通用性均较好。每个项目都安排了“项目导入”“学习目标”“工作任务”“任务活动过程”，其中“任务活动过程”是本项目的重点，又都细分为“任务简介”“任务目标”“任务准备”“内容”“任务总结”等环节，条理清晰。每个项目既相互联系，又各有侧重，从简单到复杂，从基本操作到实际应用，层层递进，亦温故亦知新，亦动手亦动脑，任务式驱动，操作中学习，非常适合中职学生学习。

学生通过实际动手完成任务目标，享受成功带来的喜悦和成就感。因此，我们就把编写的重点放在了如何准确规范地进行操作上。为了使学生能把握操作要点，我们拍摄了大量的实操图片，“连环画”式地展示操作步骤，使学习更加轻松。

本书由杭州中策职业学校包红老师主审，绍兴市中等专业学校石小飞、宣丹虹主编，傅美玲参编。其中宣丹虹负责编写项目一，傅美玲负责编写项目二，石小飞负责编写项目三、项目四。浙江省中高职专业从事化工分析同行以及绍兴市中等专业学校邵国成、许丽君老师对本书的编写提供了很多指导和帮助，在此一并表示感谢。

由于编者水平有限，加之时间仓促，书中难免有不足之处，敬请读者和同行们批评指正。

编者

2018年1月

目录

项目一　紫外-可见分光光度分析技术

项目导入

分光光度法是利用物质特有的吸收光谱来鉴别物质或测定其含量的一项技术。它的基本原理是物质的吸收光谱与它们本身的分子结构有关，不同物质由于其分子结构不同，对不同波长光线的吸收能力也不同。每种物质都具有特定的吸收光谱，在一定条件下，其吸收程度与该物质浓度成正比，因此可利用各种物质不同的吸收光谱及其强度，对不同物质进行定性和定量分析。

学习目标

（1）能用分光光度法进行定性、定量分析。
（2）能熟练操作使用SP-723可见分光光度计、UV-1800PC紫外分光光度计。
（3）能熟练选取最佳波长、测绘吸收曲线、制作标准曲线。
（4）能进行显色条件与操作条件的选择。
（5）能在实验中采取必要的安全防护措施，注意保护环境。
（6）在实验过程中培养学生严谨的科学态度，激发学生的学习热情。

工作任务

（1）学会使用分光光度计。
（2）邻二氮菲分光光度法测铁测量波长的选择。
（3）邻二氮菲分光光度法测水中微量铁含量。
（4）磺基水杨酸分光光度法测水中微量铁含量。
（5）利用紫外分光光度计求水中水杨酸含量。
（6）锅炉给水中磷酸盐的测定（磷钼蓝目视比色法）。

任务活动过程

任务一　学会使用分光光度计

任务简介

分光光度计是目前化验室中使用比较广泛的一种分析仪器，其测定原理是利用物质对光的选择性吸收特性，以纯的单色光作为入射光，测定物质对光的吸收，从而确定溶液中物质的含量。其特点是灵敏度高、准确度高、操作简便、分析速度快、应用广泛。

任务目标

（1）会调节分光光度计的波长。

（2）会操作吸光度和透光率的相互转化。

（3）能掌握比色皿的使用方法。

（4）会测皿差。

任务准备

试剂与仪器

1. 试剂

蒸馏水

2. 仪器

SP-723可见分光光度计、成套比色皿。

内　容

1. SP-723可见分光光度计的使用

SP-723可见分光光度计如图1-1所示。

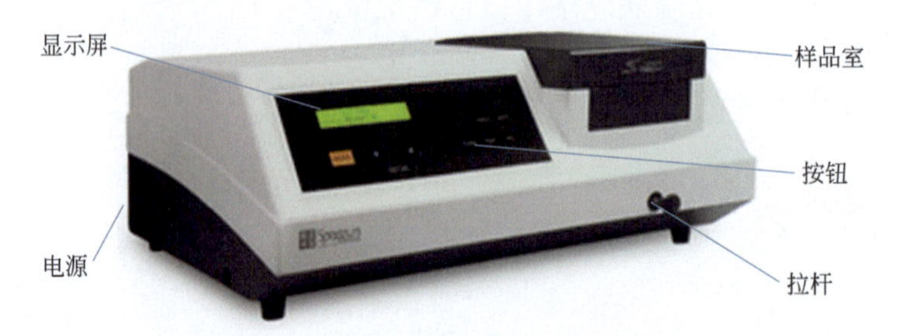

图1-1　SP-723可见分光光度计

（1）接通电源，打开仪器电源开关（图1-2），预热20min（图1-3）。

（2）按“MODE”模式键，进入吸光度A模式，见图1-4（A模式、T模式、C模式循环）。

（3）按“▲”“▼”设置键，将波长调到实验所需的单色光波长（见图1-5、图1-6）。调节分光光度计的波长可发现可见光的不同颜色（见图1-7、图1-8）。

（4）调节仪器 T=100%（A=0.000）。把挡

图1-2　打开电源开关

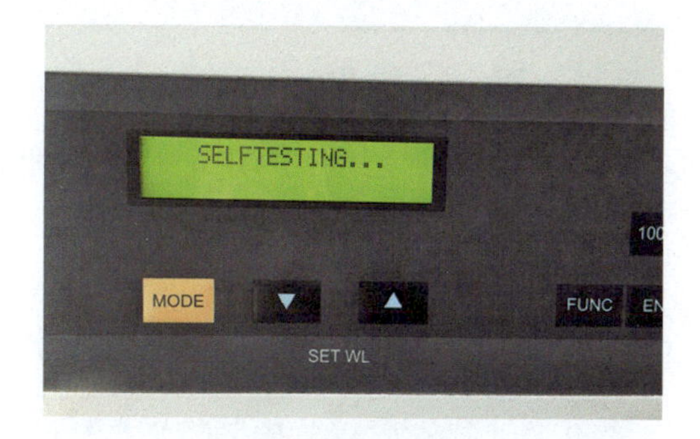

图1-3　预热20min

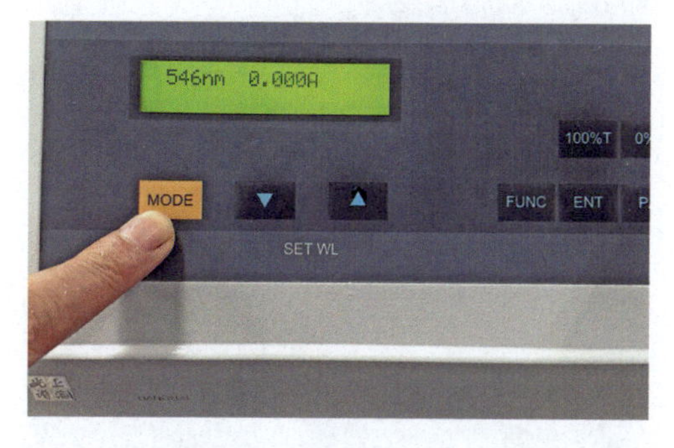

图1-4　按“MODE”模式键，进入吸光度A模式

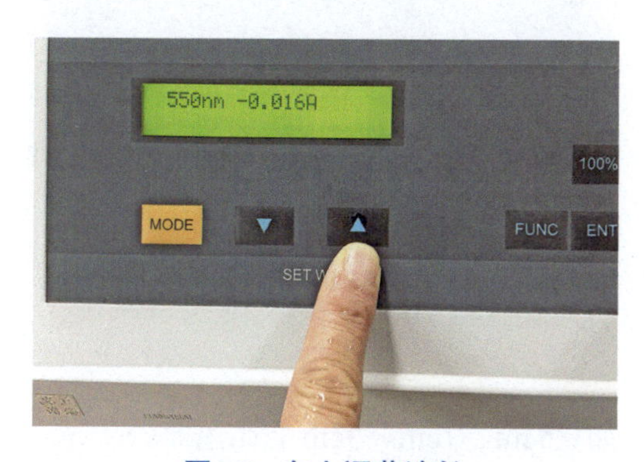

图1-5　向上调节波长

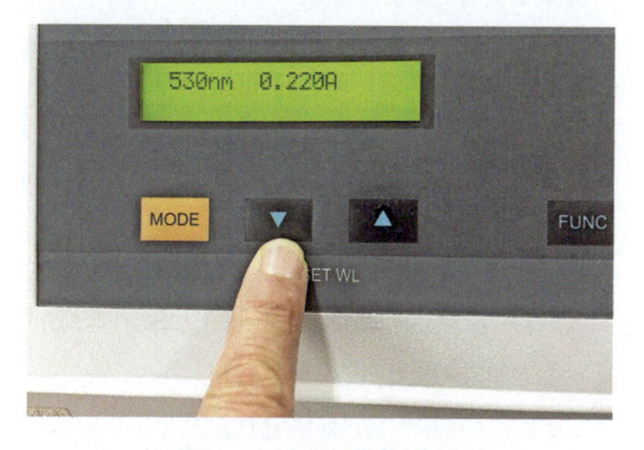

图1-6　向下调节波长

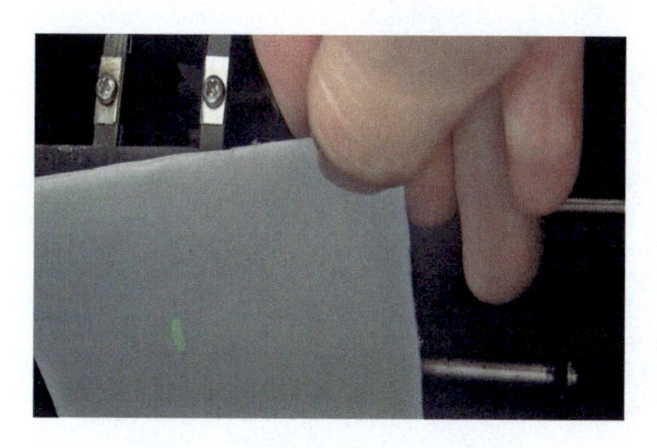

图1-7　波长500nm，绿色光

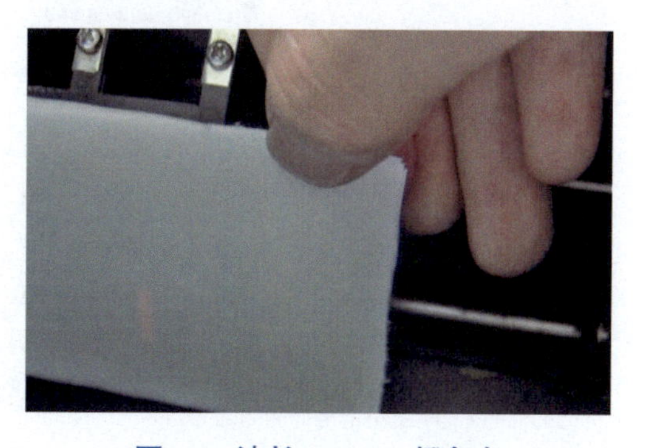

图1-8　波长600nm，橙色光

板推入光路，按“0% T”键（见图1-9），再把参比溶液（蒸馏水）推入光路，按“100% T”键（见图1-10），使T=100%（A=0.000）。

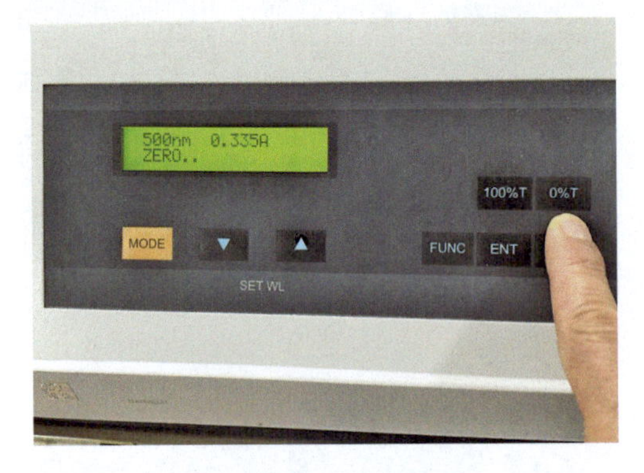

图1-9 按“0% T”键

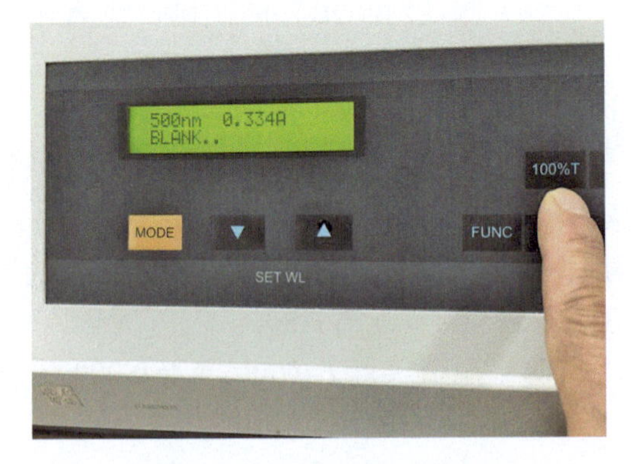

图1-10 按“100% T”键

（5）把显色液拉入光路（见图1-11，拉二挡），读出吸光度A，并记录（见图1-12）。

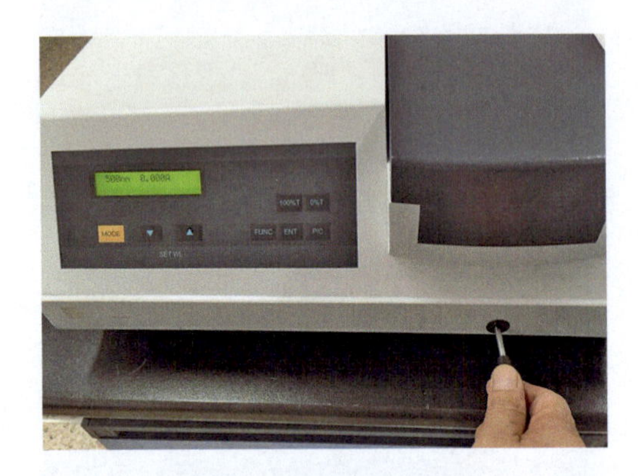

图1-11 显色液拉入光路

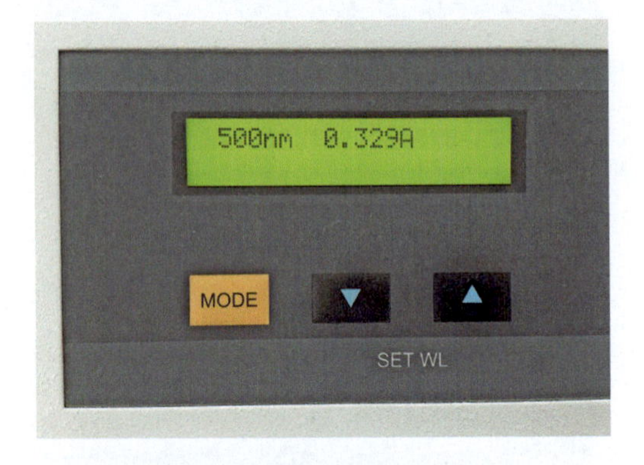

图1-12 读吸光度A，记录

（6）实验结束，取出比色皿，切断电源。

2. 比色皿的使用

（1）知晓不同规格的比色皿（见图1-13），如0.5cm、1cm、3cm的比色皿。

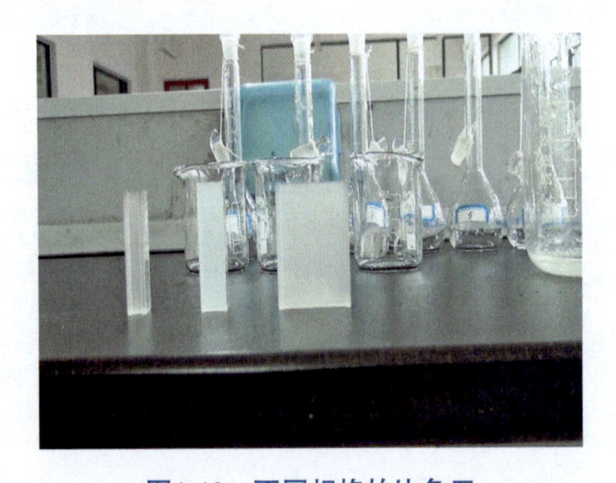

图1-13 不同规格的比色皿

（2）比色皿要保持干燥清洁，不能长时间盛装有色溶液，用后要立即清洗，可定期用盐酸+乙醇（1+2）洗涤液洗涤，蒸馏水洗净，切忌用碱或强氧化剂洗涤，也不能用毛刷刷洗。洗净后自然风干或冷风吹干，不能放干燥箱内烘干。

（3）拿取比色皿磨砂面（见图1-14），手指不能接触透光面。放入液槽架前，用细软而吸水的纸轻轻吸干外部液滴，再用擦镜纸擦拭（见图1-15），避免透光面擦出斑痕。

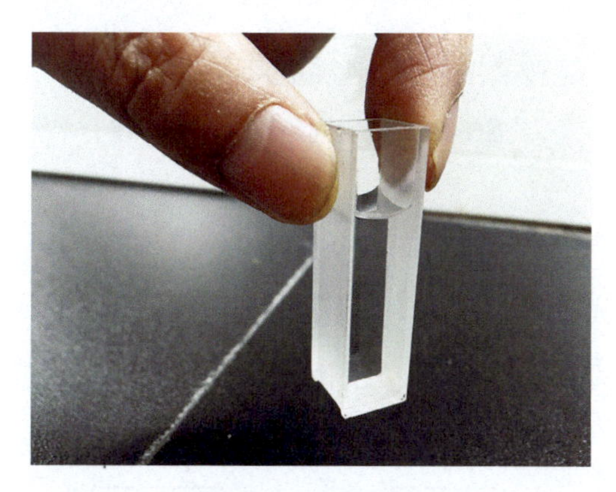

图1-14 拿磨砂面

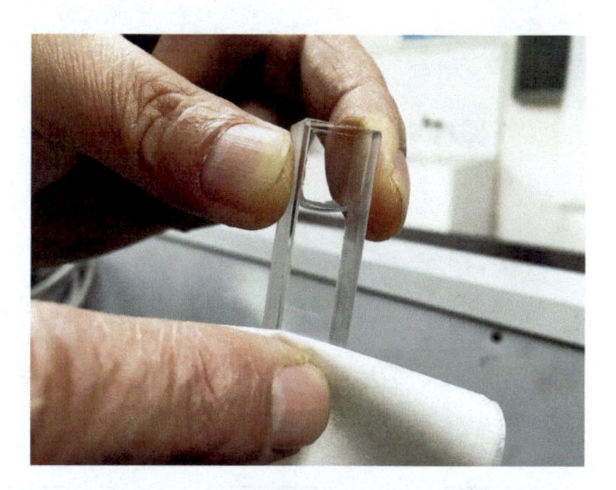

图1-15 用擦镜纸沿同一方向擦

（4）注入被测溶液前，比色皿要用被测溶液淋洗几次（见图1-16），以免影响溶液浓度。溶液应充至比色皿全高度的2/3 ～ 4/5（见图1-17），不宜太满。

图1-16 蒸馏水润洗

图1-17 装液量为2/3 ~ 4/5

（5）比色皿光面应对准光路（见图1-18）。同组比色皿间透光率误差要求小于0.5%。通常四个同规格比色皿都盛放蒸馏水参比溶液，按“MODE”模式键，进入透光率T模式，按“100% T”键，使T=100%，再测量其他比色皿的透光率，误差小于0.5%者可配套使用。

（6）已配对的比色皿测皿差：按“MODE”模式键，进入吸光度A模式，按“100% T”键，使T=100%，A=0.000，再测出其他比色皿的吸光度，即皿差（见图1-19）。

图1-18　比色皿光面对准光路

图1-19　测定同组比色皿的皿差

知识链接

紫外-可见分光光度计

紫外-可见分光光度计的主要部件包括光源、单色器、吸收池、检测器及测量显示系统等。

光源 → 单色器 → 吸收池 → 检测器 → 测量显示系统

1. 光源

（1）钨灯　可见分光光度计光源，能发射320nm ~ 3.5μm的连续光谱。

（2）氢灯或氘灯　紫外分光光度计的紫外光源。能发射150 ~ 400nm的光谱。

2. 单色器

单色器是将复杂的白光按照波长的长短顺序分散为单色光的装置。

3. 吸收池

用来盛放溶液的容器称为吸收池，也叫比色皿。可见光区使用玻璃吸收池，紫外光区使用石英吸收池。同组实验使用的吸收池要求透光率相同，其透光率误差应在0.2% ~ 0.5%以内。

4. 检测器

分光光度计的光电转换元件。有硒光电池、光电管、光电倍增管。

5. 测量显示系统

能显示测量的实验数据，如透光率T、吸光度A等。

任务总结

技能点	知识点
➤ SP-723分光光度计的使用	➤ 紫外-可见分光光度计的主要部件
➤ 比色皿的使用	

思考题

（1）紫外-可见分光光度计由哪几个部分组成？
（2）紫外-可见分光光度计中的成套吸收池其透光率之差应为多少？
（3）最常见的可见光光源是什么？紫外光光源是什么？
（4）比色皿在使用时应注意哪些问题？
（5）上网查询500nm和600nm的光谱分别是什么颜色？

任务二　邻二氮菲分光光度法测水中微量铁测量波长的选择

任务简介

溶液对各种不同波长光的吸收用光谱曲线来描述，吸收光谱曲线是将不同波长的光依次通过固定浓度的被测溶液，用分光光度计测量每一波长下相应对光的吸收程度（吸光度），以波长（λ）为横坐标，以吸光度（A）为纵坐标作图，可得一曲线，这曲线称吸收光谱曲线，它描述了物质对不同波长光的吸收程度。曲线的最高点对应波长就是最大吸收波长。

任务目标

（1）了解电磁光谱特性，知晓各种电磁波的波长范围，学会单位之间的换算。

（2）掌握吸收曲线的测绘和测量波长的选择。

任务准备

试剂与仪器

1. 试剂

（1）200μg/mL铁标准储备溶液　准确称取1.7268g $NH_4Fe(SO_4)_2 \cdot 12H_2O$，置于烧杯中，以50mL 2mol/L H_2SO_4溶液溶解后转入1000mL容量瓶中，用水稀释到刻度，摇匀。

（2）5%盐酸羟胺溶液（临用时配制）。

（3）0.15%邻二氮菲（也称邻菲罗啉）溶液　临用时配制，应先用少许乙醇溶解，再用水稀释。

（4）乙酸-乙酸钠溶液　称取82g无水乙酸钠用500mL水溶解，加120mL冰乙酸，用水稀释至1000mL。

2. 仪器

SP-723型可见分光光度计（1台）、100mL容量瓶（1只）、50mL容量瓶（2只）、10mL吸量管（1支）、5mL吸量管（2支）、2mL吸量管（1支）。

内　容

1. 显色溶液的配制

（1）20μg/mL铁标准溶液配制　吸取10.00mL铁标准储备溶液（200μg/mL）于100mL容量瓶中（见图1-20），用水稀释到刻度，摇匀（见图1-21）。

图1-20　吸取铁标准储备液于100mL容量瓶中

图1-21　定容

（2）显色溶液的配制　取50mL容量瓶2只，分别准确加入20μg/mL的铁标准溶液0.00mL、10.00mL，再于各容量瓶中分别加入5%盐酸羟胺2mL，摇匀，稍停，再各加入乙酸-乙酸钠溶液5mL及0.15%邻二氮菲溶液3mL，每加一种试剂后均摇匀再加另一种试剂，最后用蒸馏水稀释到刻度，摇匀。

2. 制作邻二氮菲测铁的吸收光谱曲线

（1）测绘吸收曲线并选择测量波长　选用加有10.00mL铁标准溶液的显色溶液，以不含铁的试剂溶液为参比（见图1-22），用1cm比色皿，在723型分光光度计上从波长400～600nm间，每隔10nm测一次吸光度，在最大吸收波长左右，再每隔5nm各测一次。注意，每改变一次波长，均需用参比溶液将吸光度调到0.000（操作步骤见图1-23～图1-25），然后再测吸光度（步骤见图1-26、图1-27）。以波长为横坐标，吸光度

图1-22　放入参比、待测液

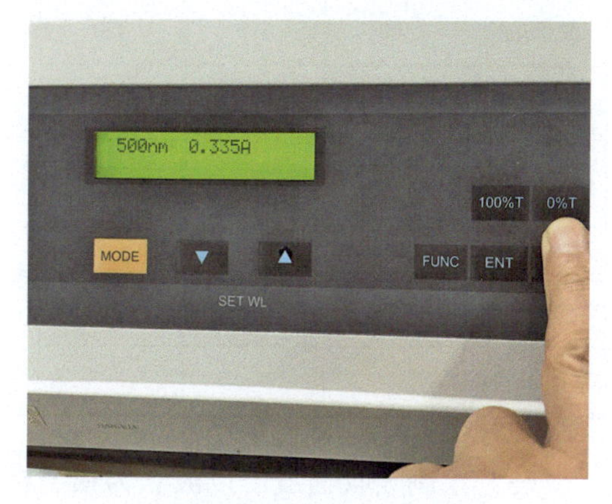

图1-23　按“0% T”键

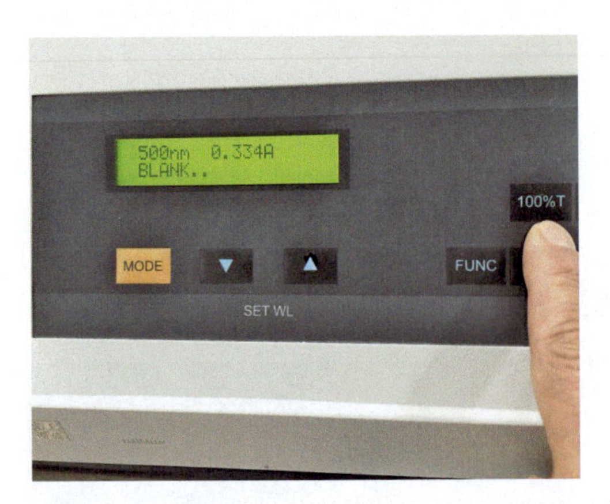

图1-24　按“100% T”

图1-25　吸光度调到0.000

图1-26　按“▲”“▼”调节波长

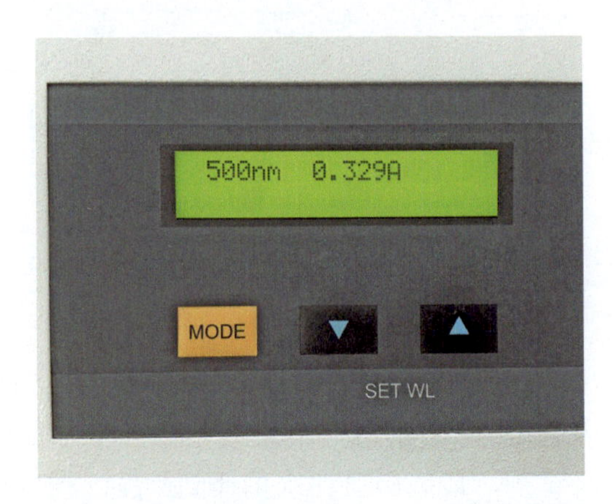

图1-27　调波长400～600nm，记录实验数据

为纵坐标，绘制吸收曲线。选择吸收曲线的峰值波长为本实验的测量波长。

（2）数据记录（见表1-1）

表1-1　测量不同波长的吸光度数据

仪器型号__________　　　　比色皿厚度__________

波长/nm	400	410	420	430	440	450	460	470
A								
波长/nm	480	490	500	505	510	515	520	530
A								
波长/nm	540	550	560	570	580	590	600	
A								

（3）绘制吸收曲线　以波长为横坐标，吸光度为纵坐标，绘制吸收曲线。选择吸收曲线的峰值波长为本实验的测量波长。具体操作步骤见图1-28～图1-35。

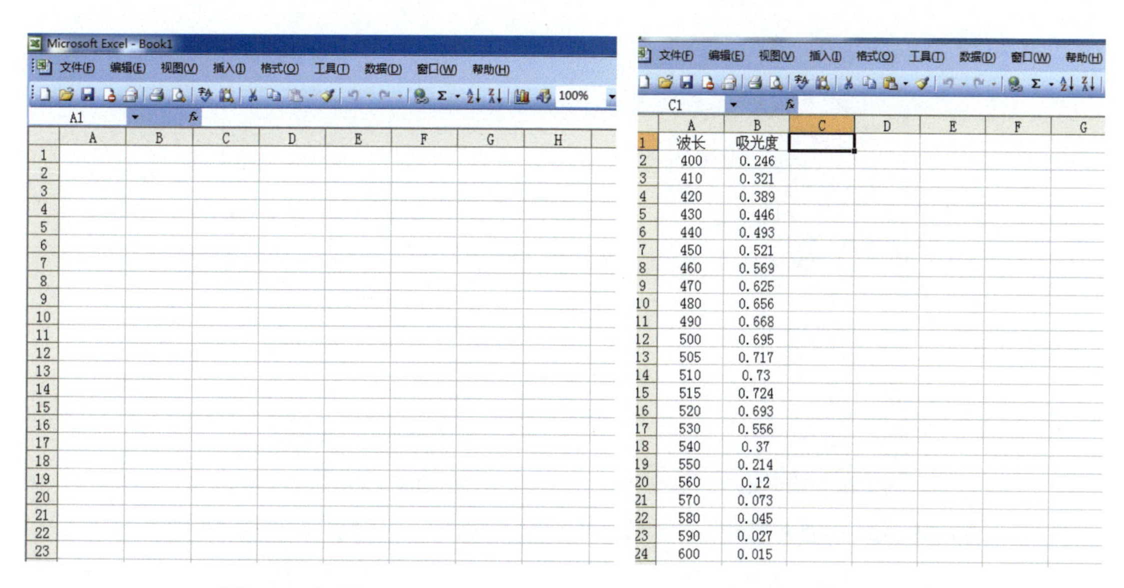

图1-28 打开Excel

图1-29 输入波长及吸光度

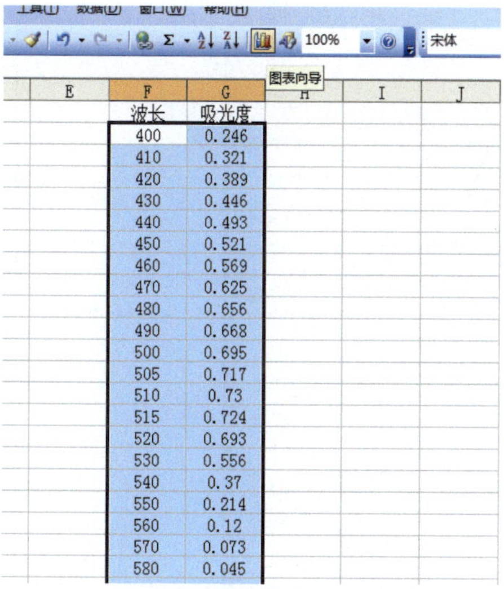

波长	吸光度
400	0.246
410	0.321
420	0.389
430	0.446
440	0.493
450	0.521
460	0.569
470	0.625
480	0.656
490	0.668
500	0.695
505	0.717
510	0.73
515	0.724
520	0.693
530	0.556
540	0.37
550	0.214
560	0.12
570	0.073
580	0.045

图1-30 选中数据，点“图标向导”

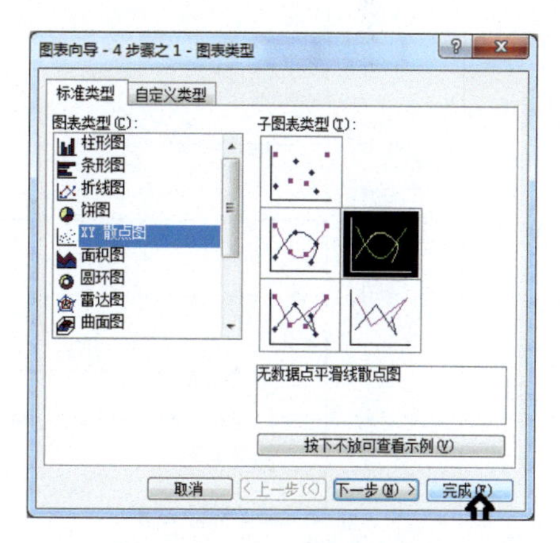

图1-31 选中“XY散点图”

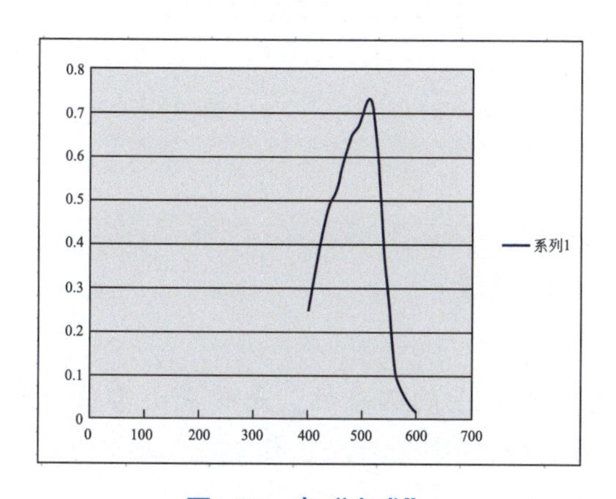

图1-32 点“完成”

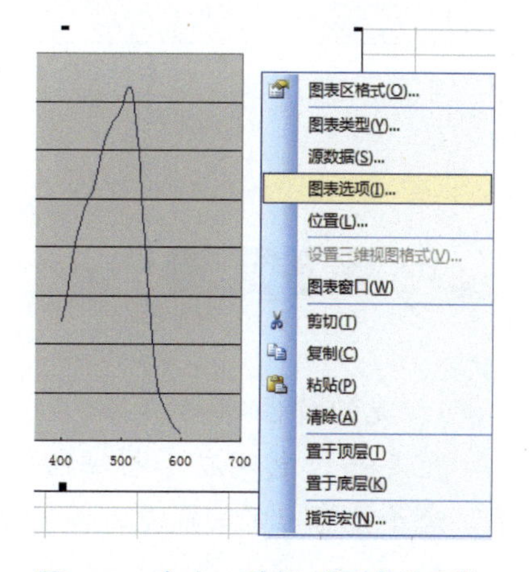

图1-33 右击，选择“图表选项”

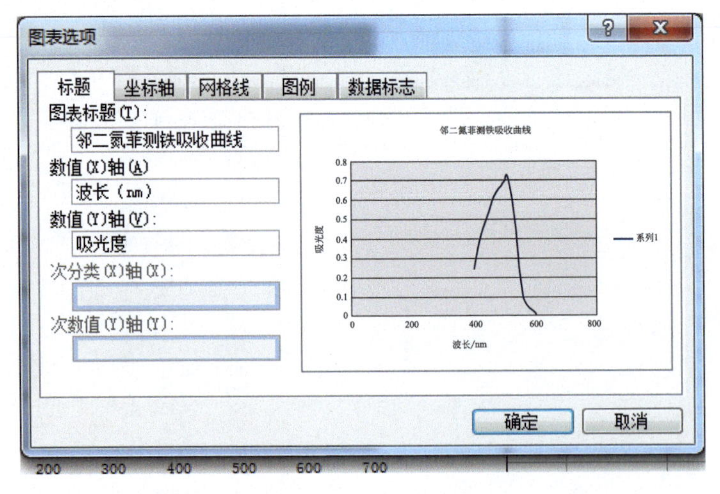

图1-34 填好“图标标题”“数值（X）轴”“数值（Y）轴”后，点“确定”

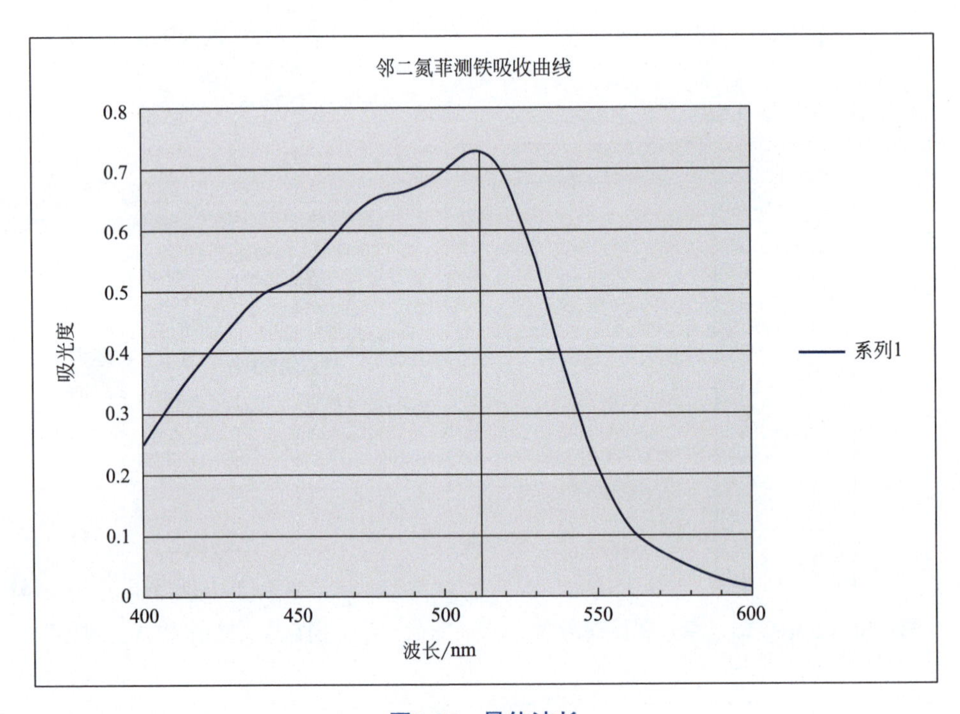

图1-35 最佳波长

知识链接

一、认识电磁光谱

1. 光的特性

光是一种电磁波（电磁辐射），具有波和粒子的二象性。光的最小单位为光子，光子具有一定的能量，其能量与光的波长或频率有关，它们之间的关系为：

$$E=h\nu=h\frac{c}{\lambda}$$

式中　E——能量，J（$1eV=1.602\times10^{-19}J$）；

h——普朗克常数，$6.626\times10^{-34}J\cdot s$；

ν——频率，Hz；

c——光速，真空中约为$3\times10^{17}nm/s$

λ——波长，nm。

表1-2为各种电磁波谱的波长范围。

表1-2　各种电磁波谱的波长范围

区域	波长	区域	波长
γ射线	0.001 ～ 0.1nm	红外光	0.76 ～ 50μm
X射线	0.1 ～ 10nm	远红外	50 ～ 1000μm
远紫外	10 ～ 200nm	微波	0.1 ～ 100cm
紫外光	200 ～ 400nm	无线电波	1 ～ 1000m
可见光	400 ～ 760nm		

从上式可知，能量与波长成反比，即波长愈长能量愈小，波长愈短能量愈大。

2. 物质对光的选择性吸收及溶液颜色的产生

雷雨过后，阳光明媚的话，人们可以看见彩虹。这是太阳光照射到空气中的水滴，光线被折射及反射后形成的七彩光谱。这说明日光是由红、橙、黄、绿、青、蓝、紫七色按一定比例混合而成的白光。通过单色器之后，可以把各种波长的光彼此分离开来，得到不同颜色的单色光。

溶液颜色是物质对光选择性吸收的结果。例如各种颜色的光透过的程度相同，则溶液无色透明；硫酸铜溶液因为吸收了黄色光而呈现蓝色；氯化铁溶液因为吸收了蓝色光而呈黄色。两种单色光能按一定比例混合为白光，则这两种光互为补色光。不同波长光的颜色及互补色见表1-3。

表1-3　不同波长光的颜色及互补色

λ/nm	颜色	互补色
400 ～ 450	紫色	绿色
450 ～ 480	蓝色	黄色
480 ～ 500	青色	红色
500 ～ 560	绿色	紫色
560 ～ 590	黄色	蓝色
590 ～ 620	橙色	青蓝色
620 ～ 760	红色	青色

二、吸收光谱曲线

溶液对各种不同波长光的吸收情况，通常用光谱曲线来描述，吸收光谱曲线是通过实验求得。将不同波长的光依次通过固定浓度的被测溶液，用分光光度计测量每一波长下相应对光的吸收程度（吸光度），以波长（λ）为横坐标，以吸光度（A）为纵坐标作图，可得一曲线，这曲线称为吸收光谱曲线，它描述了物质对不同波长光的吸收程度。曲线的最高点对应波长就是最大吸收波长，以$\lambda_{最大}$（或λ_{max}）表示。

三、单位之间的换算

1m（米）=10^2cm（厘米）=10^3mm（毫米）=10^6μm（微米）=10^9nm（纳米）

任务总结

技能点

- 分光光度计的使用
- 配制铁标准溶液和显色溶液
- 参比溶液的使用
- 掌握吸收光谱曲线的测绘

知识点

- 了解电磁光谱特性
- 单位换算
- 求最佳波长

思考题

（1）邻二氮菲分光光度法测铁测量波长的选择实验中，铁标准溶液是用什么药品配制成的？

（2）波长为5nm的光属于什么光？

（3）510nm的光是什么颜色？蓝光和绿光的互补光各是什么光？

（4）什么是吸收光谱曲线？

（5）0.2m=________cm=________mm=________μm=________nm

（6）光在真空中的速度约为多少？

（7）小组讨论说一说用电脑作吸收光谱曲线图时，有哪些操作步骤？

任务三　邻二氮菲分光光度法测水中微量铁含量

任务简介

根据朗伯-比尔定律：$A=\varepsilon cL$，当入射光波长λ及液层厚度L一定时，在一定条件下，物质的吸光度A与该物质的浓度c成正比。只要画出以吸光度A为纵坐标，浓度c为横坐标的标准曲线，测出试样的吸光度，就可以由标准曲线查得对应的浓度。

用分光光度法测定试样中的微量铁，可选用显色剂邻二氮菲。在pH=2～9的溶液中，邻二氮菲与Fe^{2+}生成稳定的橙红色配合物，橙红色配合物的最大吸收波长在510nm处，摩尔吸光系数为1.1×10^4L/（mol·cm），反应的灵敏度、稳定性、选择性均较好。

任务目标

（1）显色溶液的配制。

（2）制作标准曲线。

（3）摩尔吸光系数的求取。

任务准备

试剂与仪器

1. 试剂

（1）200μg/mL铁标准储备溶液。

（2）5%盐酸羟胺溶液（临用时配制）。

（3）0.15%邻二氮菲溶液（临用时配制）　应先用少许乙醇溶解，再用水稀释。

（4）乙酸-乙酸钠溶液　称取82g无水乙酸钠用500mL水溶解，加120mL冰乙酸，用水稀释至1000mL。

（5）水样溶液（含铁约4～6μg/mL）。

2. 仪器

SP-723型分光光度计（1台）、100mL容量瓶（1只）、50mL容量瓶（7只）、10mL吸量管（1支）、5mL吸量管（2支）、2mL吸量管（1支）。

内　容

1. 显色溶液的配制

（1）20μg/mL铁标准溶液配制　吸取10.00mL铁标准储备溶液于100mL容量瓶中

（见图1-36），用水稀释到刻度，摇匀（见图1-37）。

图1-36　吸取铁标准储备液于100mL容量瓶中

图1-37　定容

（2）显色溶液的配制　取50mL容量瓶7只，分别准确加入20μg/mL的铁标准溶液0.00mL、2.00mL、4.00mL、6.00mL、8.00mL、10.00mL及水样溶液20.00mL（见图1-38），再于各容量瓶中分别加入5%盐酸羟胺2mL，摇匀，稍停，再各加入HAc-NaAc溶液5mL及0.15%邻二氮菲溶液3mL，每加一种试剂后均摇匀再加另一种试剂，最后用蒸馏水稀释到刻度，摇匀。放置10min。

图1-38　标准溶液及试样定容

2．制作标准曲线

（1）吸光度的测定　在选定波长510nm下，用1cm比色皿，以不含铁的试剂溶液作参比溶液，测量各个显色溶液的吸光度。操作步骤见图1-39～图1-44。

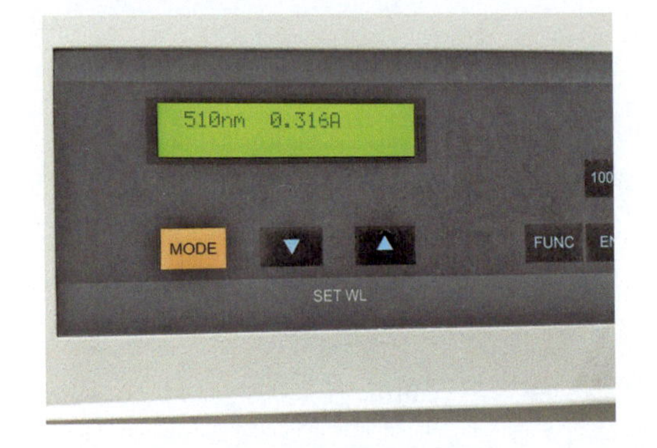

图1-39　调节波长到510nm

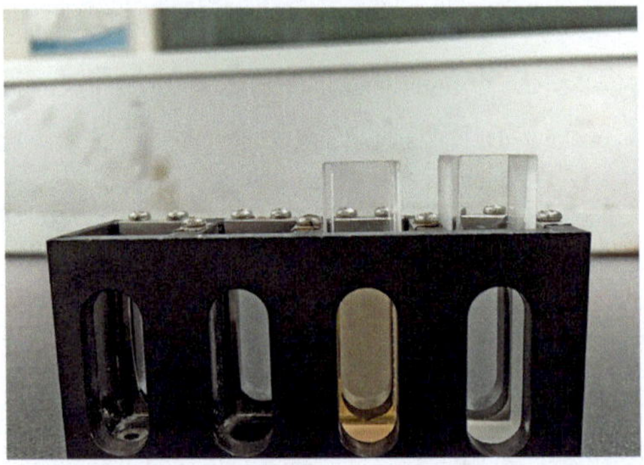

图1-40　放入参比、待测液

（2）数据记录和处理

① 数据记录（见表1-4）

② 绘制标准曲线　以吸光度为纵坐标，总含铁量（μg）为横坐标，绘制标准曲线。具体绘制步骤见图1-45～图1-54。

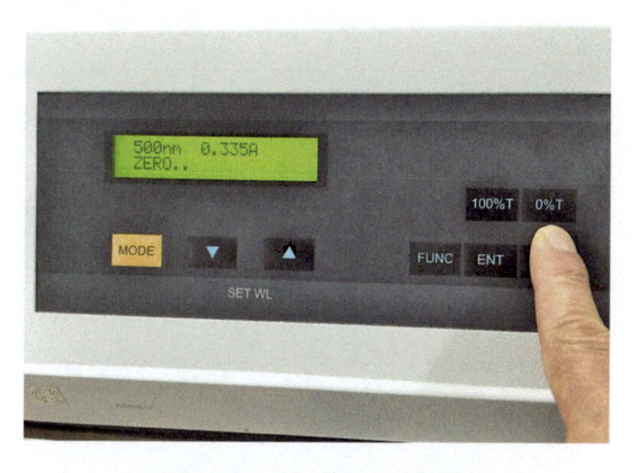

图1-41　按“0% T”键

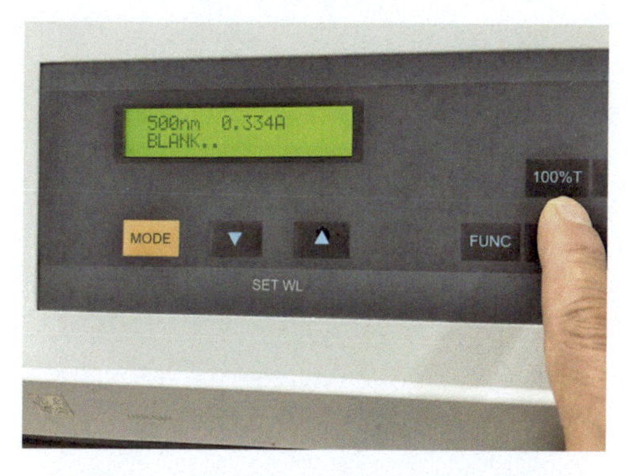

图1-42　按“100% T”键A调到0.000

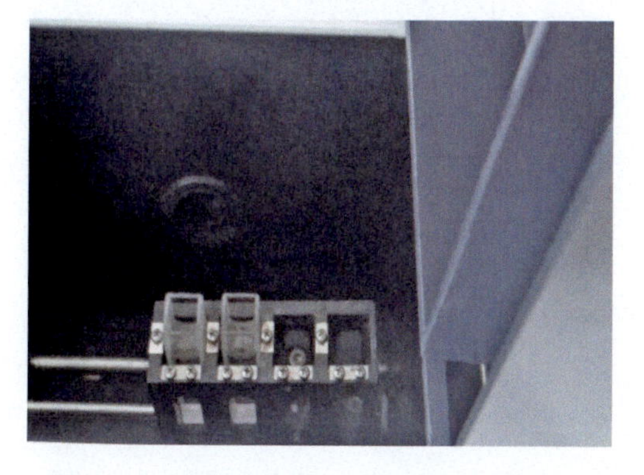

图1-43　标准溶液及水样依次放入第二格

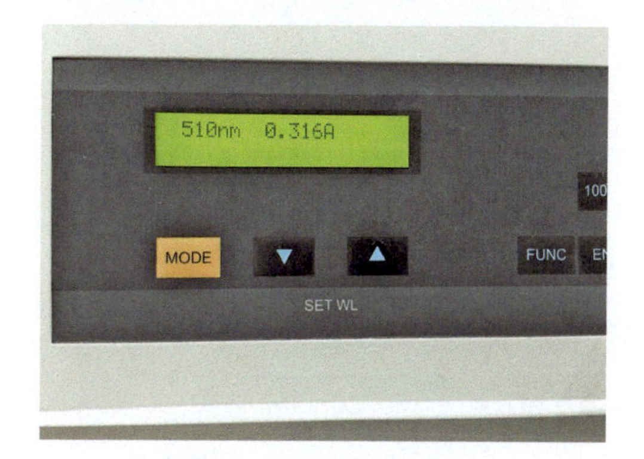

图1-44　依次记录实验数据

表1-4　测水中微量铁实验数据

仪器型号_______________　　　　比色皿厚度_______________

溶液	铁标准溶液						含铁水样
吸取体积/mL	0.00	2.00	4.00	6.00	8.00	10.00	20.00
总含铁量/μg	0	40	80	120	160	200	
吸光度*A*							

	A	B	C	D
1				
2				
3		0	0.000	
4		40	0.172	
5		80	0.344	
6		120	0.510	
7		160	0.657	
8		200	0.839	
9				
10				

图1-45　输入标准溶液的铁含量及吸光度

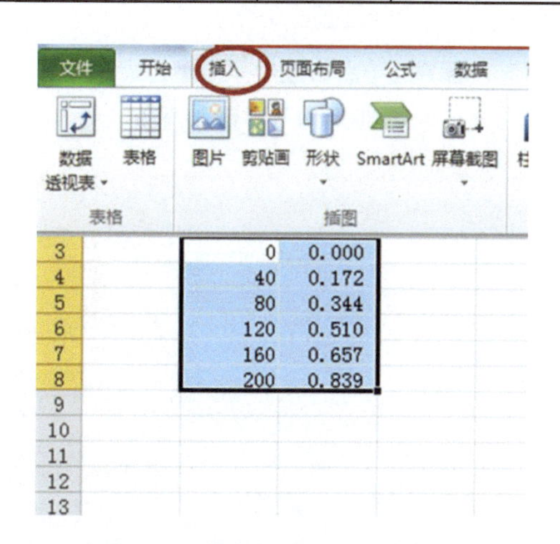

图1-46　选中数据，点“插入”

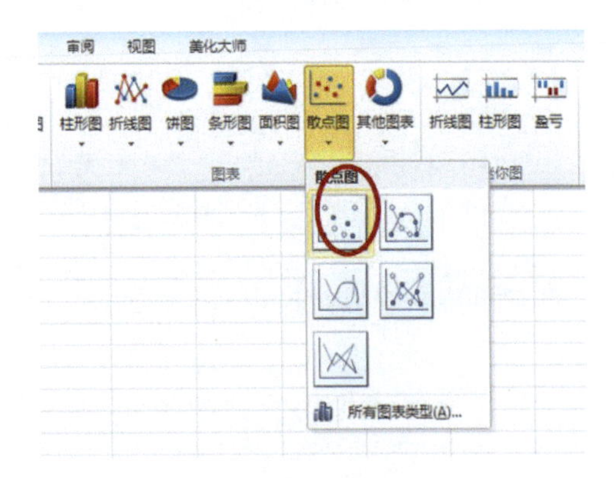

图1-47 选“散点图”

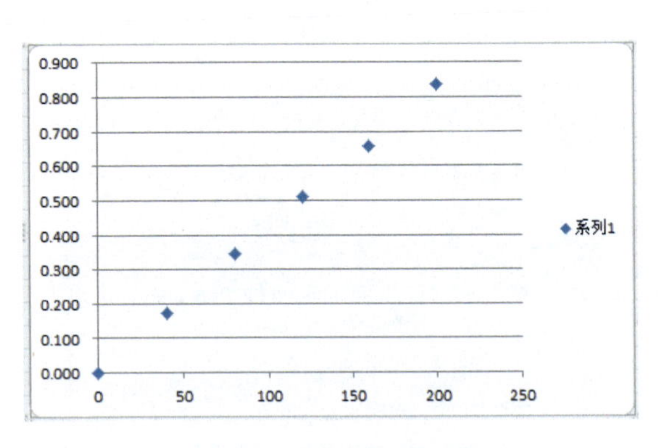

图1-48 出现“散点图”

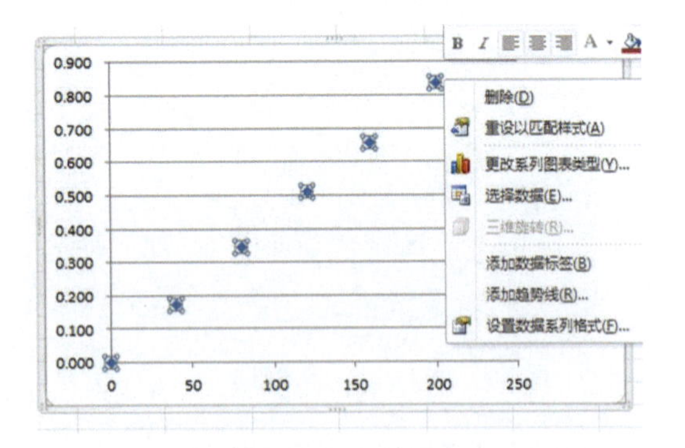

图1-49 选中图中任一点，点右键

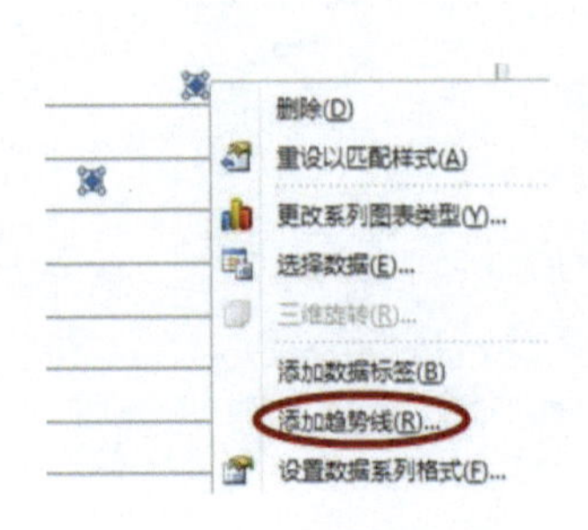

图1-50 点“添加趋势线”

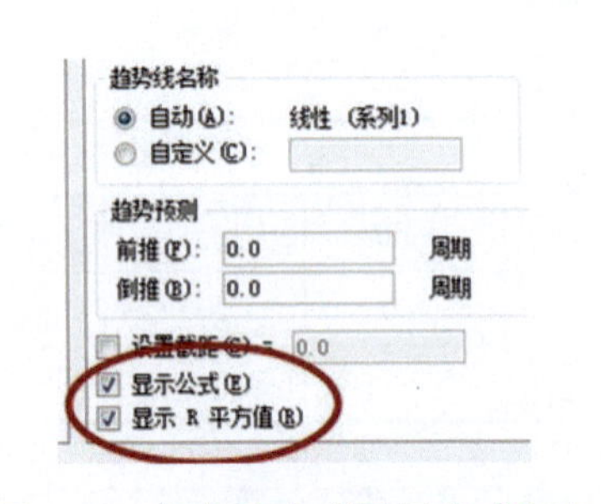

图1-51 点击选中“显示公式”和“显示R平方值”两项

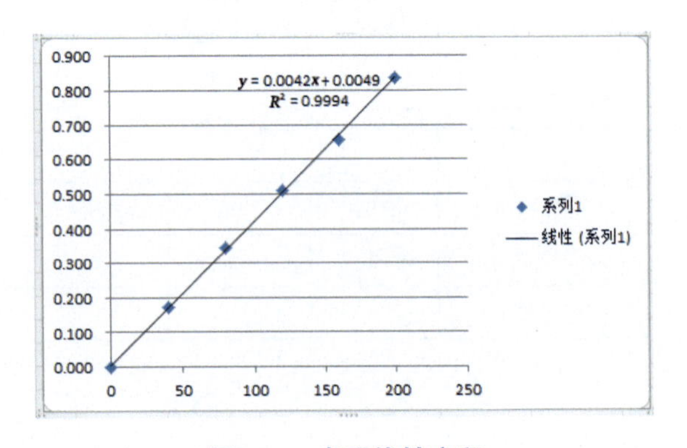

图1-52 出现线性方程

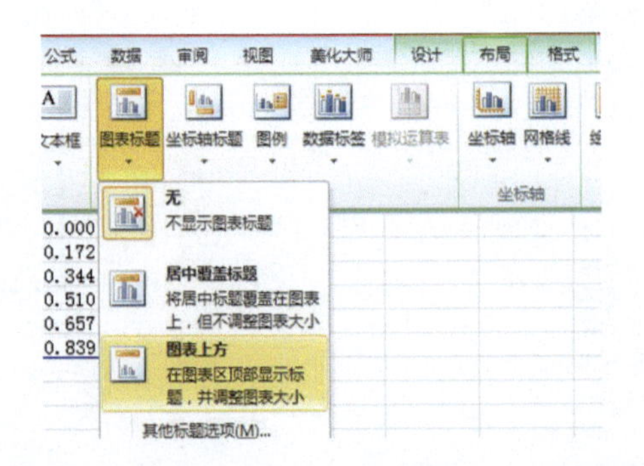

图1-53 点击“布局”，填好标题、横纵坐标

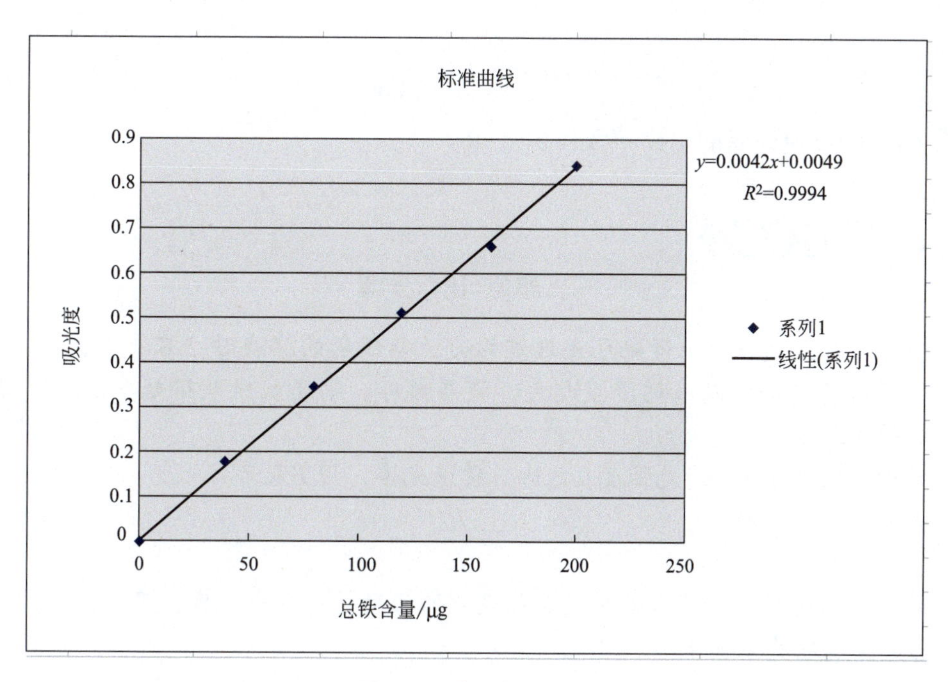

图1-54 出现标准曲线

3. 测定水样中铁的含量

根据水样的吸光度，可通过标准曲线求水样溶液的总铁含量x（图1-55），从而计算出水样溶液的原始浓度c（μg/mL）。

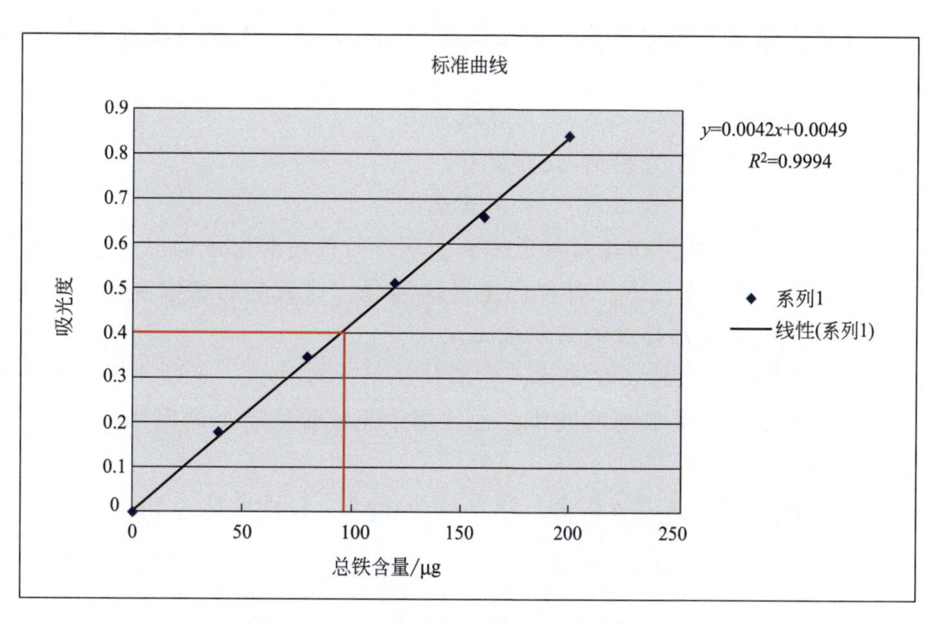

图1-55 邻二氮菲分光光度法测铁标准曲线

（1）根据任务二，本次实验的使用波长是510nm；

（2）通过标准曲线可以求出试样溶液的总含铁量为x（μg）；

（3）试样溶液的原始浓度为

$$c\ (\mu g/mL) = \frac{x}{20.00}$$

式中，20.00为移取的水样溶液体积，mL。

知识链接

一、朗伯-比尔定律

当一束强度为I_0的平行单色光通过均匀、非散射的溶液时，溶液吸收了光能，光的强度就要减弱。溶液的浓度越大，液层越厚，则光被吸收得越多，透过溶液的光的强度I_t越弱。

透射光强度I_t与入射光强度I_0之比，称透光率，用T表示。

$$T=\frac{I_t}{I_0}$$

单色光通过有吸收质点的溶液时被吸收的程度，称为吸光度，用A表示。吸光度A与光强度的关系如下：

$$A=\lg\frac{I_0}{I_t}=-\lg T$$

朗伯定律认为当单色光通过浓度一定的溶液时，其吸光度与通过的液层厚度成正比。即

$$A=K_1L$$

比尔定律表明当溶液厚度和入射光强度一定时，其吸光度与溶液浓度成正比。即

$$A=K_2c$$

上述两个定律可合并为朗伯-比尔定律。

$$A=KcL$$

式中，K是比例常数，它与入射光波长、物质的性质和溶液的温度等因素有关。朗伯-比尔定律表明：当一束平行单色光通过均匀、非散射的稀溶液时，溶液的吸光度与溶液的浓度及液层厚度的乘积成正比。

朗伯-比尔定律即光的吸收定律，它不仅适用于可见光，也适用于紫外光和红外光；不仅适用于均匀非散射的液体，也适用于气体和能透光的固体。

1. 吸光系数

当溶液浓度以质量浓度ρ表示，即单位为mg/L，L的单位为cm时，比例常数称为吸光系数K。

$$K=\frac{A}{\rho L}$$

2. 摩尔吸光系数

当溶液浓度c以物质的量浓度表示，即单位为mol/L，L的单位为cm时，比例常数称摩尔吸光系数，用ε表示。

$$\varepsilon=\frac{A}{cL}$$

ε的物理意义是：溶液浓度为1mol/L，吸收池厚度为1cm，在一定波长下测得的吸光度值。它是吸光物质在一定波长下的特征常数，可衡量被测物质在此测定方法中的灵敏度，ε愈大，愈灵敏。

二、标准曲线定量法

标准曲线法是实际分析中最常用的一种方法。采用一定体积的容量瓶配制一系列不同浓度的标准溶液，以不含被测组分的溶液为参比溶液，测定标准系列溶液的吸光度，以吸光度A为纵坐标，浓度c为横坐标，绘制吸光度-浓度曲线（见图1-56），称为标准曲线（也叫工作曲线或校正曲线）。在相同条件下，测定试样溶液的吸光度，从标准曲线上找出与之对应的未知组分的浓度（为了减少相对误差，应控制被测溶液的浓度和选择吸收池的厚度，使测定的吸光度在0.2 ~ 0.8区间为最佳）。

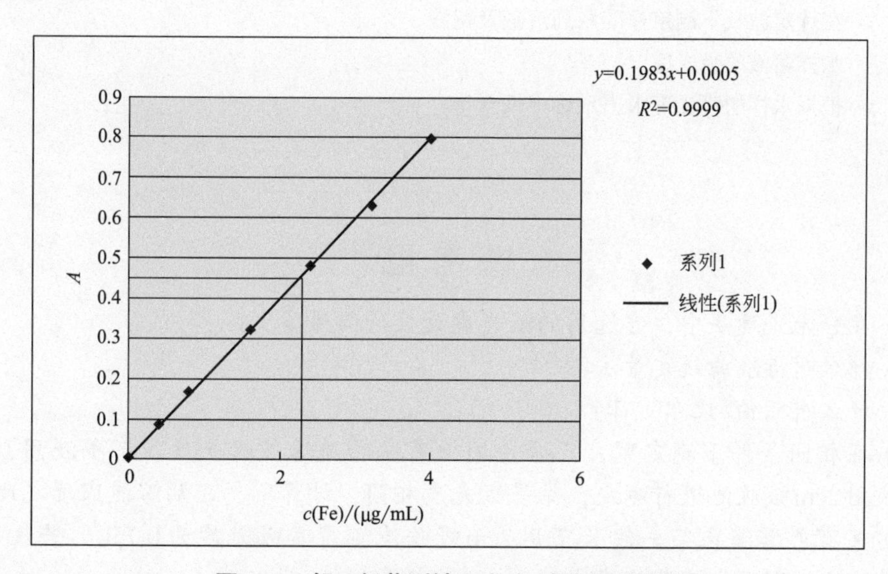

图1-56　邻二氮菲测铁吸光度-浓度标准曲线

三、摩尔吸光系数的求取

【例1-1】 用邻二氮菲显色测定铁，已知试液中的Fe^{2+}含量为2.4mg/L，吸收池厚度为1cm，在波长510nm处，测度吸光度为0.473，计算邻二氮菲亚铁配合物的吸光系数K和摩尔吸光系数ε。

解　计算吸光系数

$$K=\frac{A}{\rho L}=\frac{0.473}{2.4\times 1}=0.197\ [\mathrm{L/(cm\cdot mg)}]$$

已知铁原子的摩尔质量为55.85g/mol

$$c\ (Fe^{2+}) = \frac{2.4\times\frac{1}{1000}}{55.85} = 4.3\times10^{-5}\ (mol/L)$$

$$摩尔吸光系数\ \varepsilon = \frac{A}{cL} = \frac{0.473}{4.3\times10^{-5}\times1} = 1.1\times10^{4}\ [L/(mol\cdot cm)]$$

任务总结

技能点

- 准确合理吸取铁标准系列溶液
- 配制标准系列溶液吸光度在0.1～0.8之间
- 合理处置待测水样
- 在选定波长下测定标准系列溶液及待测水样溶液的吸光度
- 根据水样的吸光度求出水样中铁含量

知识点

- 掌握朗伯-比尔定律及适用范围
- 掌握标准曲线的工作原理
- 会求取摩尔吸光系数

思考题

（1）在分光光度法中，宜选用的吸光度读数范围为多少？

（2）什么叫标准曲线定量法？

（3）什么叫朗伯-比尔定律？

（4）在相同条件下测定甲、乙两份同一有色物质溶液吸光度。若甲液用1cm吸收池，乙液用2cm吸收池进行测定，结果吸光度相同，计算甲、乙两溶液浓度之比。

（5）某有色溶液在某一波长下用2cm吸收池测得其吸光度为0.750，若改用0.5cm和3cm吸收池，则吸光度各为多少？

（6）摩尔吸光系数的单位是什么？

（7）某光透过比色皿，A=0.401，则T为多少？当T=55.0%时，A为多少？

（8）小组讨论说一说用电脑作标准曲线图时，有哪些操作步骤？

任务四　磺基水杨酸分光光度法测水中微量铁含量

任务简介

磺基水杨酸（SAL^{2-}代表离子式）在pH=8～11的氨性溶液中与Fe^{3+}生成稳定的黄色配合物。

$$Fe^{3+} + 3\,SAL^{2-} = [Fe(SAL)_3]^{3-} \quad (黄色)$$

颜色深浅与铁含量成正比，可在某一波长处测定其吸光度，做标准曲线，在标准曲线上查出铁的量，从而计算出试样中铁的含量。

任务目标

（1）光度测量条件的选择。

（2）学会显色溶液的配制。

（3）求取最佳波长。

（4）制作标准曲线。

（5）求取摩尔吸光系数。

任务准备

试剂与仪器

1．试剂

磺基水杨酸盐溶液（5%）、氨水溶液（1+1）、铁标准储备溶液（1mL含400μg铁）、含铁（7～10μg/mL）试样溶液。

2．仪器

723型分光光度计（1台）、100mL容量瓶（1只）、50mL容量瓶（8只）、10mL吸量管（2支）、5mL吸量管（1支）。

内　容

1．显色溶液的配制

（1）40μg/mL铁标准溶液配制　吸取10.00mL铁标准储备溶液于100mL容量瓶中（见图1-57），用蒸馏水稀释到刻度，摇匀（见图1-58）。

（2）标准溶液和试样溶液配制　取8个50mL容量瓶，分别加入铁标准溶液0.00mL、

1.00mL、2.00mL、4.00mL、6.00mL、8.00mL、10.00mL和试样溶液25.00mL，用蒸馏水稀释至25mL左右。分别在试样及各标准溶液容量瓶中加入5%磺基水杨酸盐8mL，摇匀（见图1-59）。然后向各瓶中滴加（1+1）氨水至试液呈稳定的黄色后（见图1-60），再多加2mL（不加铁标样的瓶中直接加氨水2mL），用蒸馏水稀释至刻线，摇匀。停留10min（见图1-61）。

图1-57　吸取铁标准储备溶液于100mL容量瓶中

图1-58　定容

图1-59　加入磺基水杨酸盐8mL，摇匀

图1-60　滴加氨水呈黄色

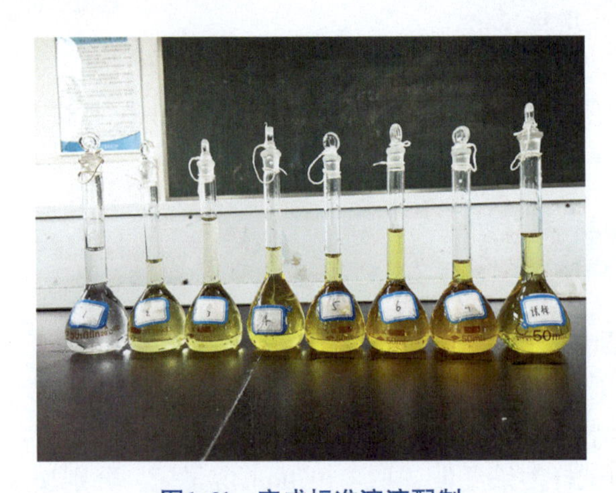

图1-61　完成标准溶液配制

2. 最佳波长的选择

（1）测定400～600nm范围内的吸光度　选用加有8.00mL铁标准溶液的显色溶液，用蒸馏水作参比液，用1cm比色皿，在723型分光光度计上从波长400～600nm间，每隔10nm测一次吸光度，在最大吸收波长左右，再每隔5nm间隔各测一次。注意，每改变一次波长，均需用参比溶液将吸光度调到0.000，然后再测显色液吸光度，具体实验步骤见图1-62～图1-67。实验数据记录于表1-5中。

图1-62　装液量为2/3～4/5

图1-63　放入参比、待测液

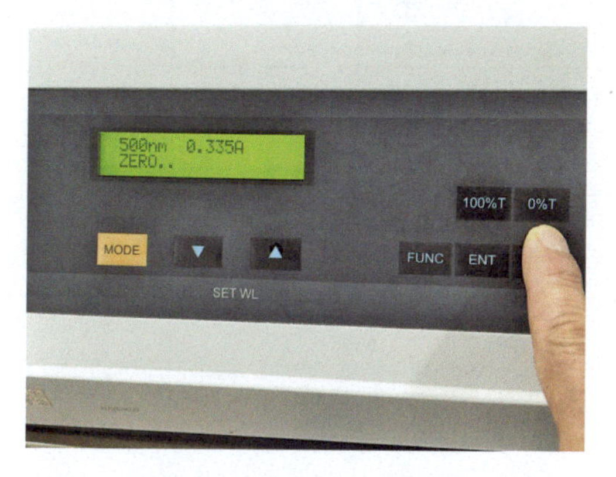

图1-64　按“0% T”键

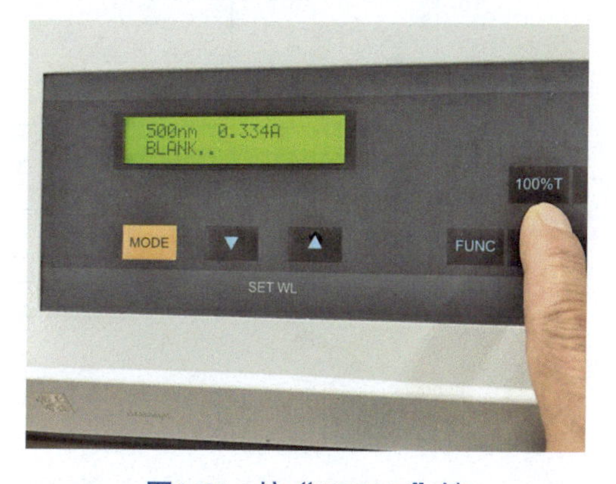

图1-65　按“100% T”键

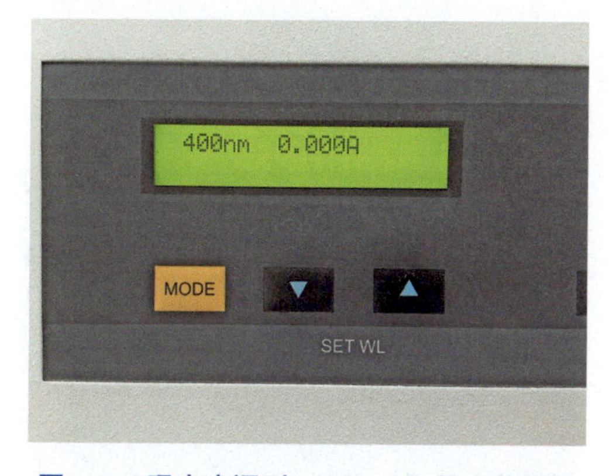

图1-66　吸光度调到0.000*A*，记录实验数据

图1-67　按“▲”“▼”调节波长，记录实验数据

表 1-5 实验数据

波长/nm	400	410	420	430	440	450	460	470
A								
波长/nm	480	490	500	510	520	530	540	550
A								
波长/nm	560	570	580	590	600	415	425	
A								

（2）绘制吸收曲线并选择测量波长　以波长为横坐标，吸光度为纵坐标，绘制吸收曲线。选择吸收曲线的峰值波长为本实验的测量波长（见图1-68）。

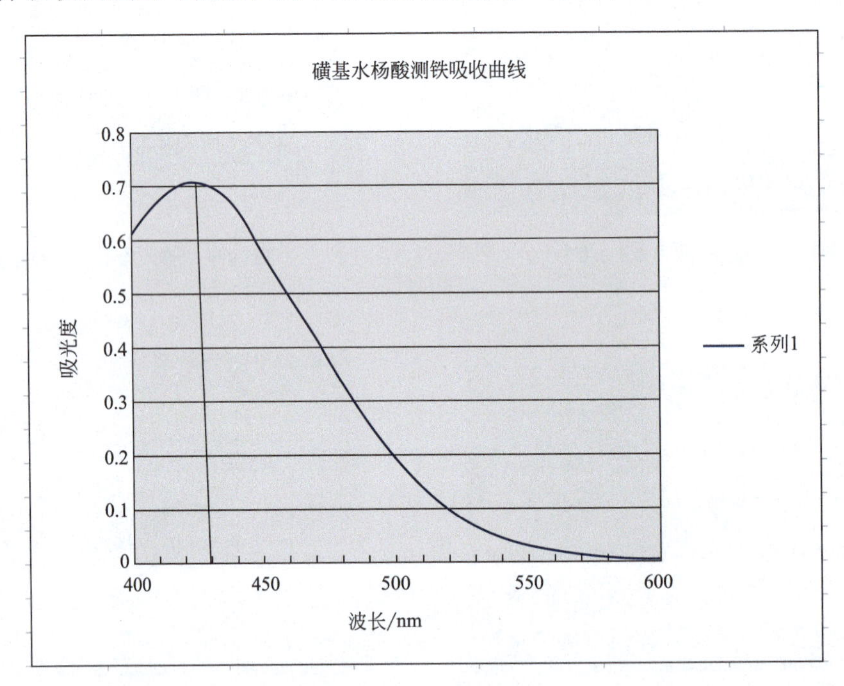

图1-68　找出最佳波长

3. 制作标准曲线

（1）吸光度的测定　用蒸馏水作参比液，用1cm比色皿，在最大波长处测各个标样和试样的吸光度。实验步骤见图1-69～图1-72，数据记录于表1-6。

图1-69　标准溶液及试样依次放入第二格

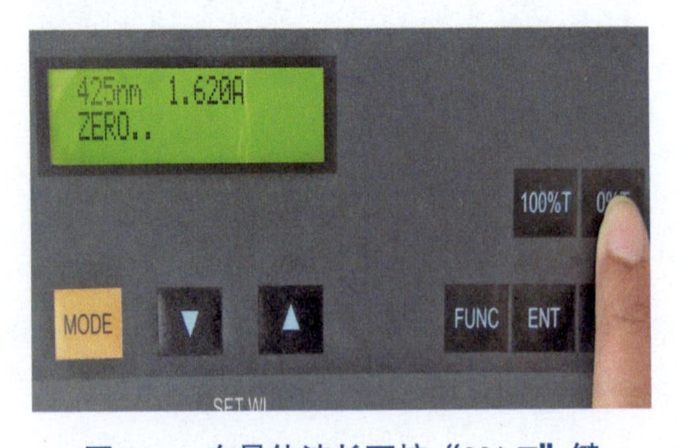

图1-70　在最佳波长下按“0% T”键

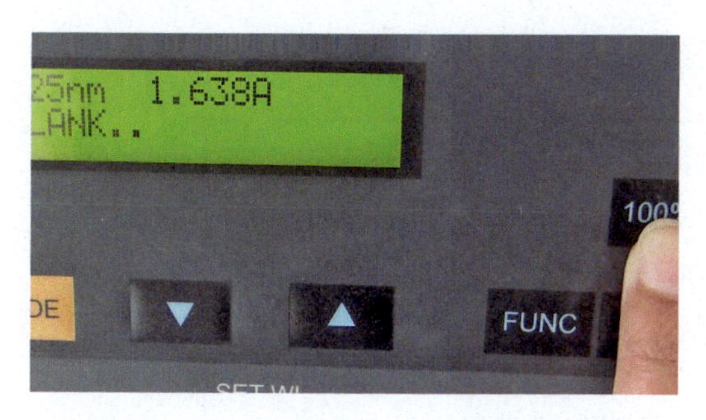

图1-71　按“100% T”吸光度调到0.000

图1-72　依次记录实验数据

表1-6　实验数据

溶液	铁标准溶液							试液
吸取体积/mL	0. 00	1. 00	2. 00	4. 00	6. 00	8. 00	10. 00	25.00
总铁含量/μg								
A								

（2）标准曲线的绘制　以总铁含量为横坐标，吸光度为纵坐标，绘制标准曲线，见图1-73。

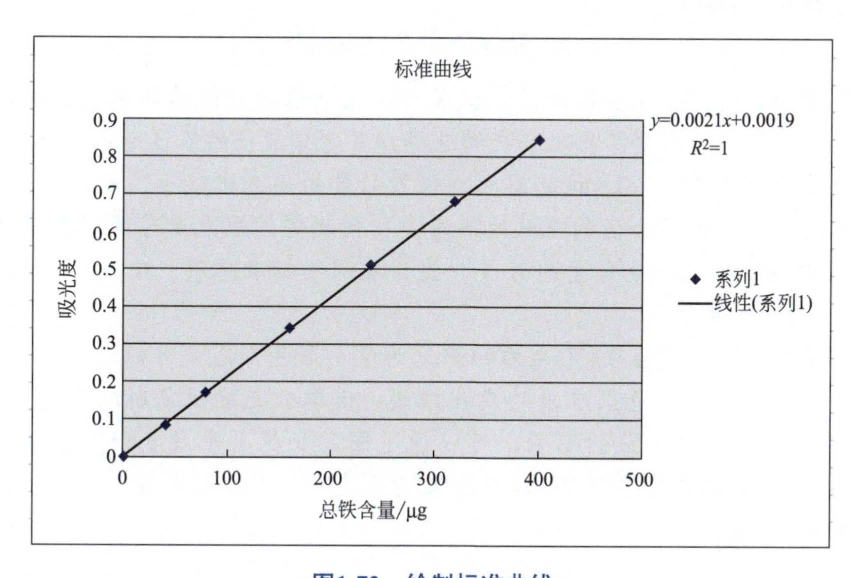

图1-73　绘制标准曲线

4. 测定试样中铁的含量

如图1-74，在标准曲线上找出试样中铁的含量。

（1）本次实验的最佳波长是__________nm。

（2）把试样溶液吸光度代入上述标准曲线方程，可求出试样溶液的总铁含量为x μg。

（3）试样溶液的原始浓度为c（μg/mL）$=\dfrac{x}{25.00}$

式中，25.00为移取的试样溶液体积，mL。

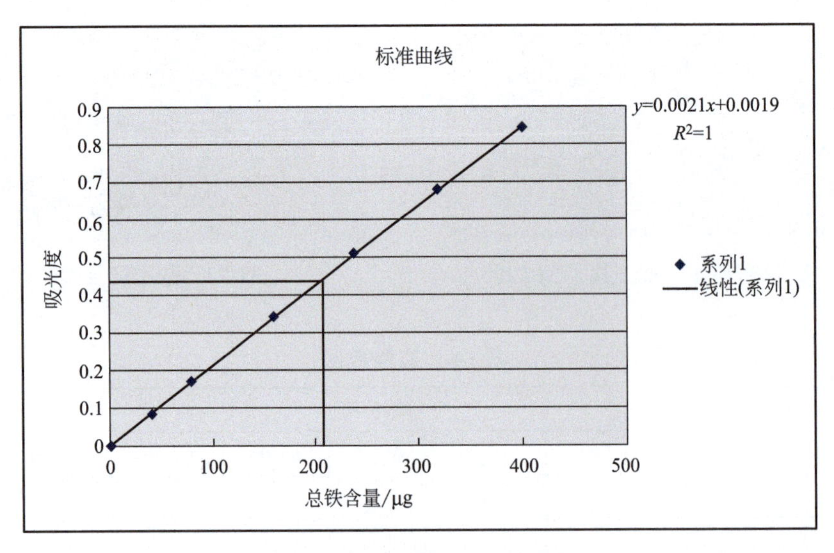

图1-74　找出试样中铁的含量

知识链接

一、光度测量条件的选择

在定量分析时，除了要选择最佳波长外，还需选择合适的显色反应与显色剂，考虑影响显色反应的因素，参比溶液的选择以及选择最佳的浓度范围。

吸光度范围在0.2 ~ 0.8的范围内，仪器引起的误差比较小。所以我们应控制被测溶液的浓度和选择合适的吸收池的厚度，使测定的吸光度范围落在此区间内。在用标准曲线法测定组分含量的时候，要合理配制标准溶液，使大部分溶液吸光度在0.2 ~ 0.8之间。

待测试样以吸光度在0.430左右的浓度为宜。显色剂用量可以通过固定金属离子浓度，作吸光度随显色剂浓度的变化曲线，选取吸光度恒定时的显色剂用量即适当过量。pH对显色反应的影响，可以通过固定金属离子浓度和显色剂的用量，改变溶液pH，分别测定在不同pH下溶液的吸光度*A*，绘制*A*-pH曲线，从中找出最适宜的pH范围。

二、摩尔吸光系数比较

【例1-2】 用磺基水杨酸法测定铁，已知试液中的Fe^{3+}含量为3.6mg/L，吸收池厚度为1cm，在波长425nm处，测得吸光度为0.355，计算磺基水杨酸铁配合物的摩尔吸光系数ε。

解　已知铁原子的摩尔质量为55.85g/mol

$$c\ (Fe^{3+}) = \frac{3.6\times\dfrac{1}{1000}}{55.85} = 6.4\times10^{-5}\ (mol/L)$$

$$\varepsilon=\frac{A}{cL}=\frac{0.355}{6.4\times10^{-5}\times1}=5.5\times10^{3}\ [\mathrm{L/(mol\cdot cm)}]$$

从任务三已知，邻二氮菲测铁摩尔吸光系数为：1.1×10^{4} [L/(mol·cm)]。从任务三和本任务比较可以得出，磺基水杨酸法测定铁的摩尔吸光系数是邻二氮菲测铁摩尔吸光系数的一半，ε越大，实验越灵敏，说明本实验灵敏度不及上一实验，要达到相同吸光度，本实验中铁浓度刚好是上一实验的二倍。

任务总结

技能点	知识点
➤ 巩固最佳波长的求取方法	➤ 光度测量条件的选择
➤ 巩固用标准曲线法求微量物质的实验技术	➤ 比较本任务和上一任务摩尔吸光系数的不同

思考题

（1）在比色分析中，摩尔吸光系数ε大小与测定灵敏度之间存在什么关系？

（2）上述两个分光光度法测定微量铁实验中，控制pH的分别是什么试剂？

（3）光度测量条件的选择有哪些？

（4）用邻二氮菲显色测定铁，已知试样中铁含量为50μg/100mL，吸收池厚度为1cm，在波长510nm处，测得吸光度A为0.099，计算邻二氮菲亚铁配合物的摩尔吸光系数ε。

任务五　紫外分光光度法测定水中水杨酸含量

任务简介

紫外光谱是用紫外光测定物质的电子光谱。电子光谱是由构成分子的原子的外层价电子跃迁所产生。当不同波长的单色光通过被分析的物质时能测得不同波长下的吸光度或透光率，以吸光度A为纵坐标对横坐标波长λ作图，可获得物质的吸收光谱曲线，从而得到合适测量波长。一般紫外光区波长为200～400nm，利用紫外吸收光谱进行定量分析时，必须选择合适的测定波长，然后通过标准曲线法，从工作曲线上找出与之对应的未知液的浓度。

任务目标

（1）紫外分光光度计的学习。

（2）求取最佳波长。

（3）制作标准曲线求未知液浓度。

任务准备

试剂与仪器

1．试剂

标准储备水杨酸溶液（1mg/mL）、水杨酸未知液（浓度约为15～20μg/mL）。

2．仪器

UV-1800PC紫外分光光度计配石英比色皿（1cm）（2个）、50mL容量瓶（8只）、100mL容量瓶（1只）、10mL吸量管（1支）、25mL移液管（1支）。

内　容

1．比色皿配套性检查

石英比色皿装蒸馏水，以一只比色皿为参比，在220nm波长下调节透光率为100%，测定其余比色皿的透光率，其偏差应小于0.5%，可配成一套使用。操作步骤见图1-75～图1-79。

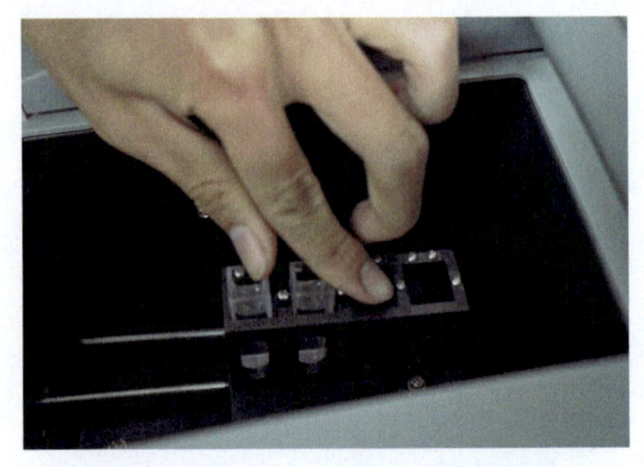

图1-75　放入两只装蒸馏水的比色皿

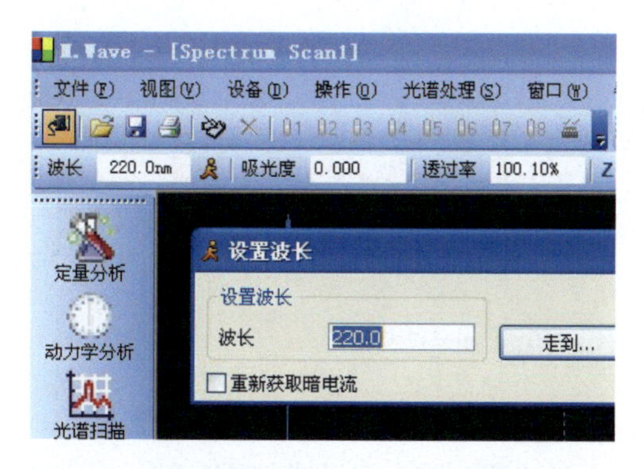

图1-76 点“设置波长”，输入波长220nm

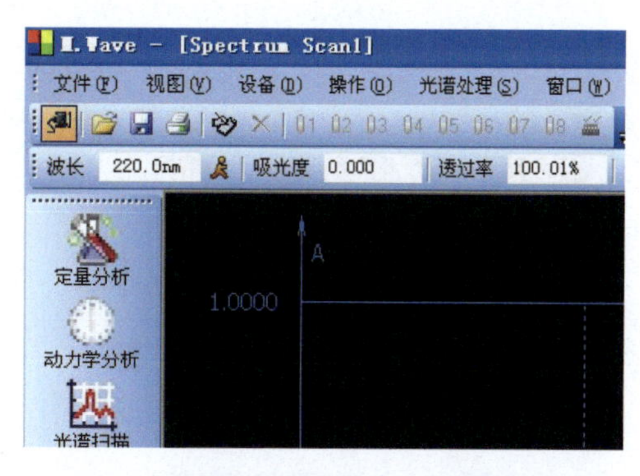

图1-77 调参比透光率为“100.00%”

图1-78 拉一格

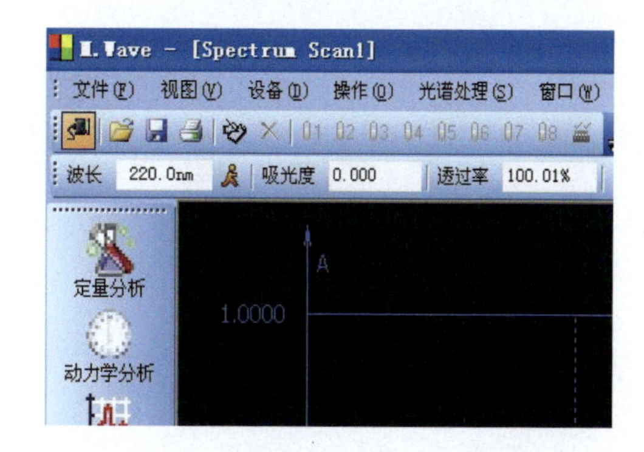

图1-79 查看透光率，看是否配套

2. 最大波长选择

将标准储备液配成浓度约为10μg/mL的待测溶液。以蒸馏水为参比，于波长200～350nm范围内测定溶液吸光度，并作吸收曲线。根据吸收曲线确定最大吸收波长作为定量测定时的测量波长。操作步骤见图1-80～图1-91。

3. 水杨酸未知液含量的测定

（1）制作标准曲线　准确吸取1mg/mL的水杨酸标准储备液10.00mL，在100mL容量瓶中定容（此溶液的浓度为100μg/mL）。再分别准确移取0.00mL、1.00mL、2.00mL、4.00mL、6.00mL、8.00mL、10.00mL上述溶液，在50mL容量瓶中定容（浓度分别为0.00μg/mL、2.00μg/mL、4.00μg/mL、8.00μg/mL、12.00μg/mL、16.00μg/mL、20.00μg/mL）（见图1-92）。

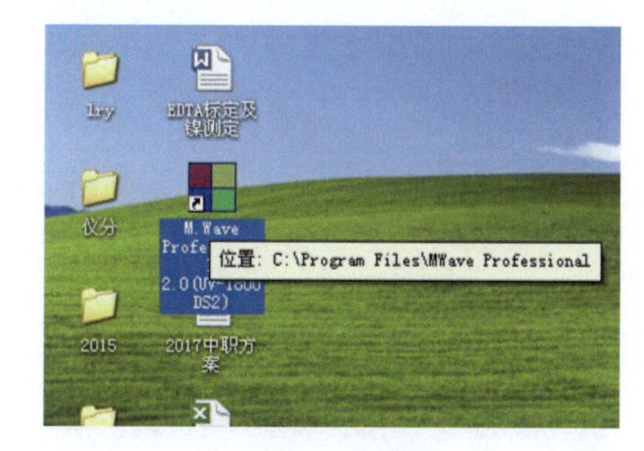

图1-80 打开软件

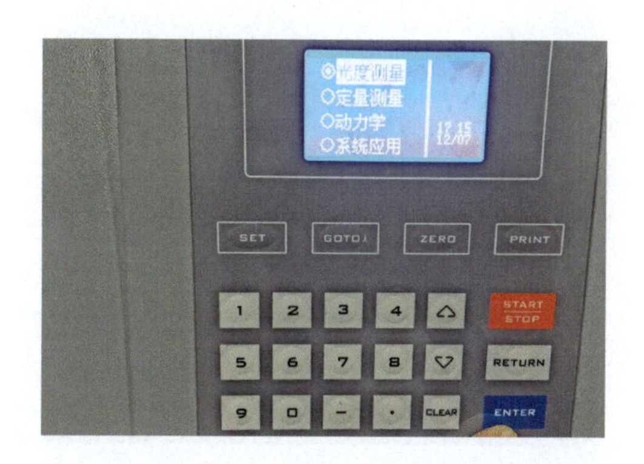

图1-81 按“enter”键，出现光度测量界面

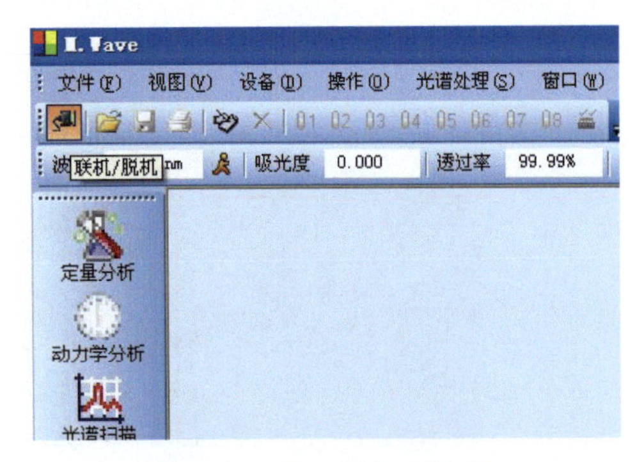

图1-82 点“脱机/联机”

图1-83 显示“pc联机中”

图1-84 点光谱扫描

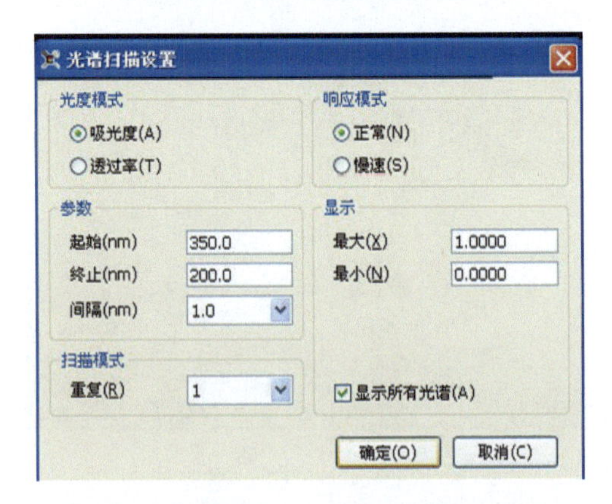

图1-85 点“设置”，波长范围200～350nm

图1-86 以蒸馏水为参比，放第一格

图1-87 待测液放第二格

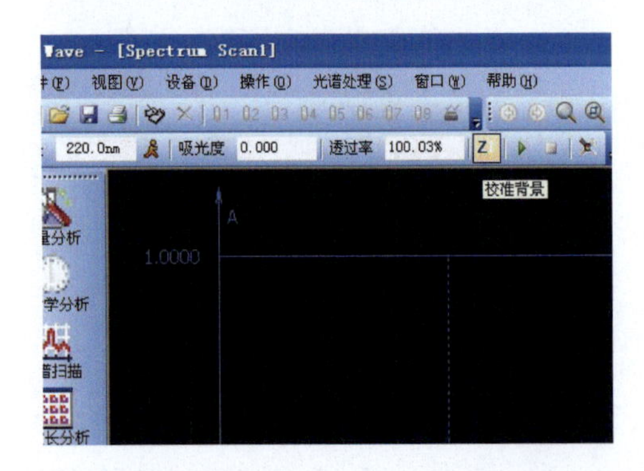

图1-88 点“Z”，开始走基线扫描

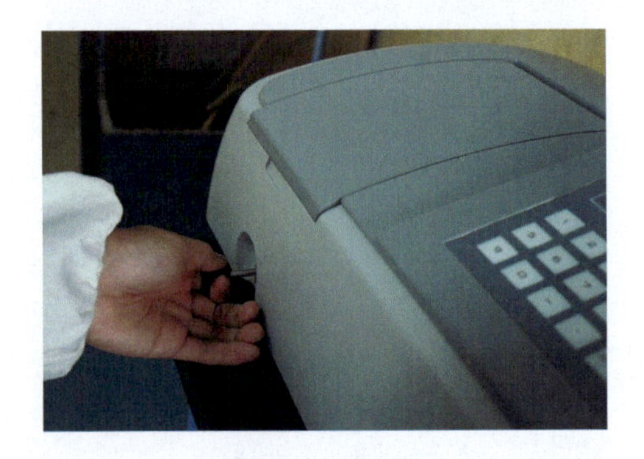

图1-89 拉一格

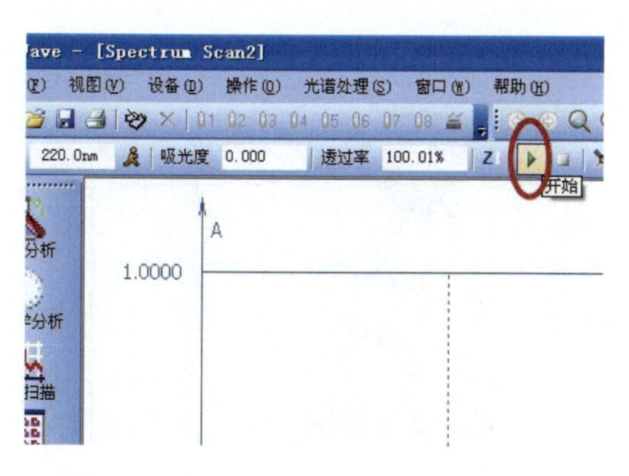

图1-90 点“开始”键，开始样品扫描

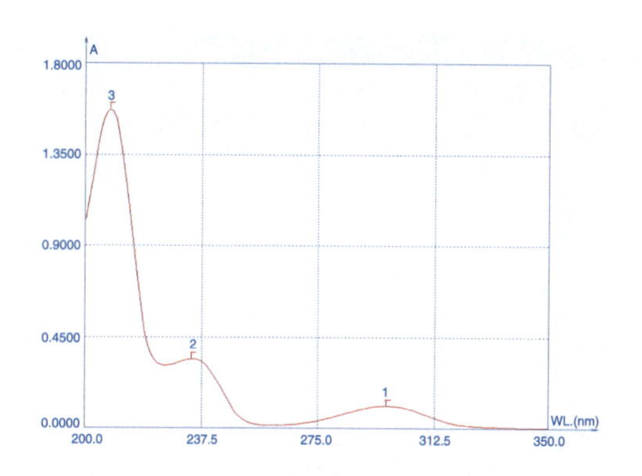

图1-91 完成吸收曲线，出现最佳波长

准确移取25.00mL水杨酸未知液，在50mL容量瓶中定容，以蒸馏水为参比，于最大吸收波长处分别测定以上溶液的吸光度。然后以浓度为横坐标，以相应的吸光度为纵坐标绘制标准曲线。从标准曲线上查得未知液的浓度。操作步骤见图1-93～图1-103。

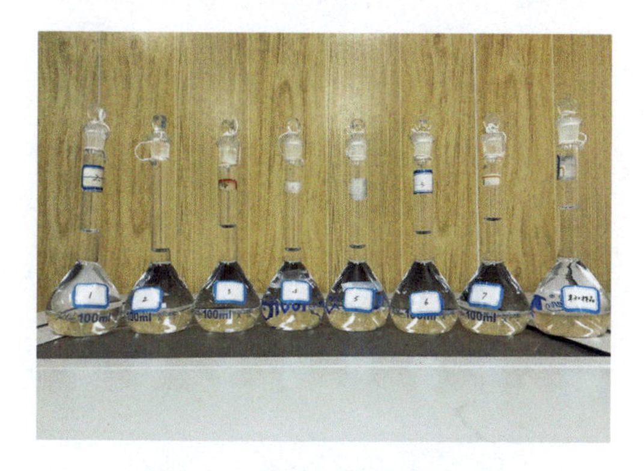

图1-92 标准溶液配制完成

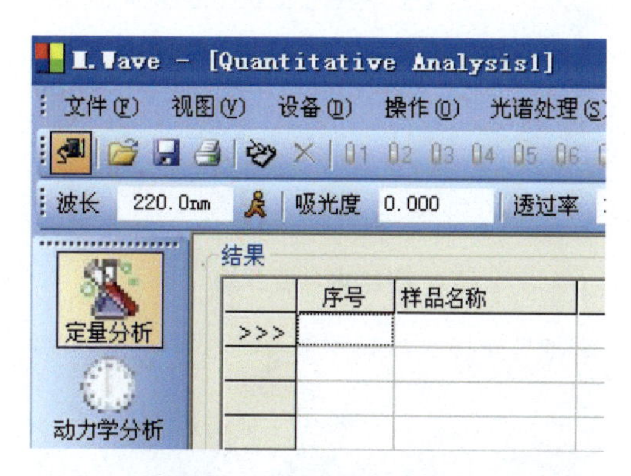

图1-93 点“定量分析”

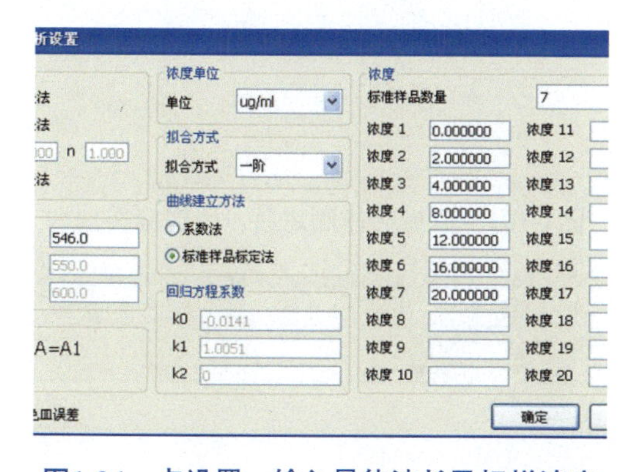

图1-94 点设置，输入最佳波长及标样浓度

图1-95 分别放入参比和标样

（2）完成测定后，点“脱机/联机”，使主机和电脑脱离，关主机、关电脑。

（3）数据记录

数据记录于表1-7中。

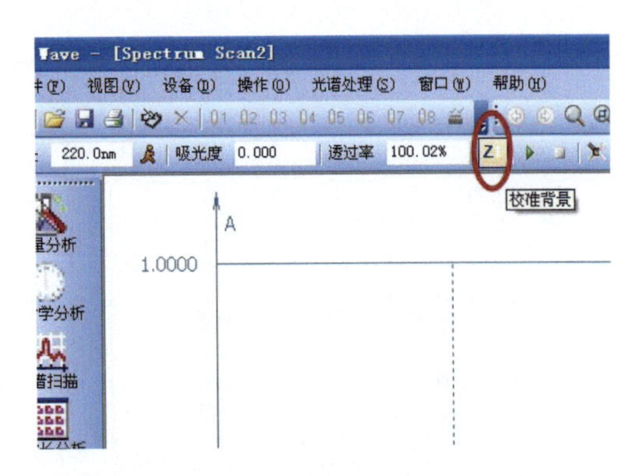

图1-96　点Z，调参比A为0.000

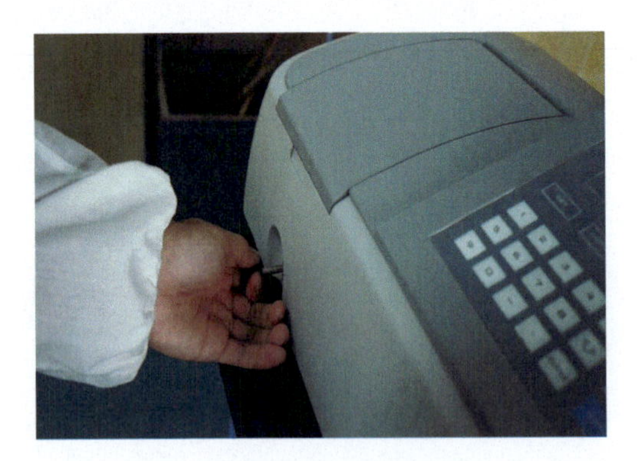

图1-97　拉一格

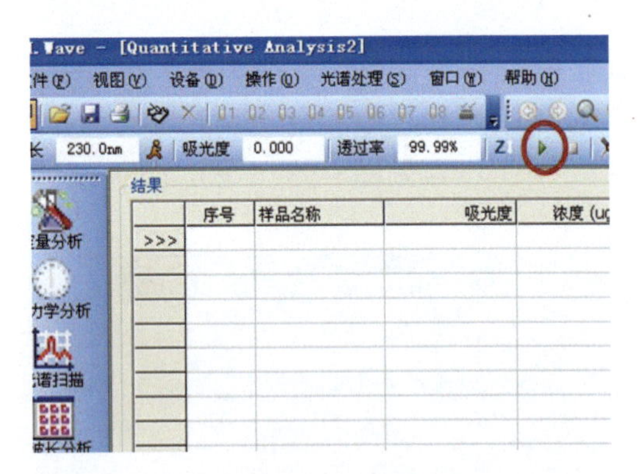

图1-98　点开始

序号	吸光度	浓度(μg/mL)
1	0.000	0.000
2	0.105	2.000
3		4.000
4		8.000
5		12.000
6		16.000
7		20.000

图1-99　右侧出现吸光度数值

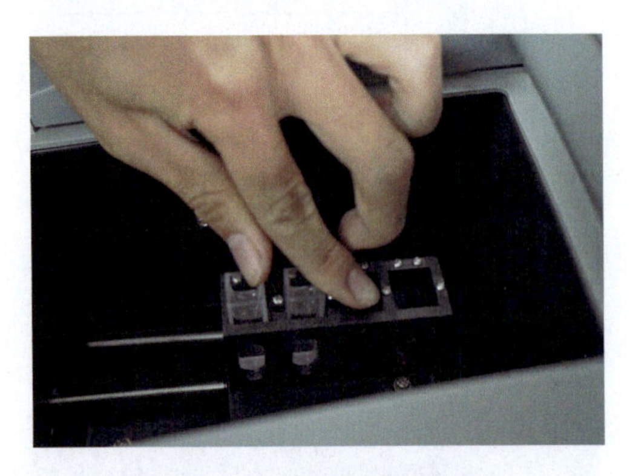

图1-100　依次更换第二格标样

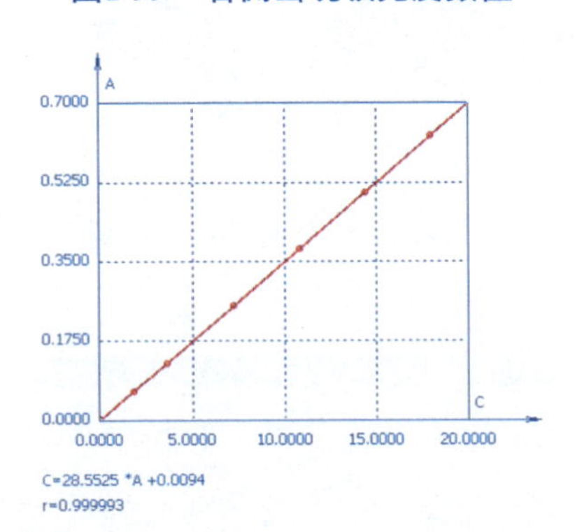

图1-101　完成标样测定后，出现标准曲线

图1-102　未知液放入第二格，重复上述操作

吸光度 0.000 透过率 99.96%

结果

序号	样品名称	吸光度	浓度(μg/mL)
1		0.400	12.003

图1-103　左上侧出现吸光度及未知样浓度

表1-7 数据记录

最大吸收波长为______nm

溶液	标样							水杨酸未知液
吸取体积/mL	0.00	1.00	2.00	4.00	6.00	8.00	10.00	25.00
含量/（μg/mL）	0.00	2.00	4.00	8.00	12.00	16.00	20.00	
A								

（4）结果计算

相关系数R=______，测定水样浓度c=______，根据测定水样浓度，可求出水杨酸未知液的原始浓度为$c\times\frac{50}{25}$=______。

知识链接

一、紫外分光光度计和可见分光光度计的不同

（1）光源的不同　钨灯用于可见分光光度计，可用波长范围为400 ~ 760nm。氢灯或氘灯为紫外分光光度计光源，可以发射150 ~ 400nm的光。

（2）单色器主要由狭缝、色散元件和透镜系统组成。可见分光光度计可用玻璃棱镜，紫外分光光度计采用石英棱镜。

（3）吸收池的不同。可见光区用玻璃吸收池，紫外光区使用石英吸收池。

二、参比溶液的选择

在分光光度分析中测定吸光度时，需要用参比溶液调节透光率为100%，用来消除溶液中其他成分以及吸收池和溶剂对光的反射和吸收所带来的误差。常用的参比溶液如下。

（1）溶剂参比　当样品比较简单，没有干扰时可以用纯溶剂作参比。可以消除溶剂、吸收池等因素的影响。

（2）试剂参比　又叫空白参比，多数情况下采用试剂溶液作参比。即按显色反应相同条件，只是不加试样。可消除试剂中的组分产生吸收的影响。

（3）样品参比　试样基体在测定波长有吸收，并与显色剂不起显色反应，可按与显色反应相同的条件处理试样，只是不加显色剂。可以消除有色离子的影响。

（4）褪色参比　当显色剂及样品基体有吸收，可以在显色液中加入一种褪色剂，选择性地将被测离子掩蔽或改变价态，使已显色的化合物褪色，用来作参比溶液。

任务总结

技能点

- 会选择钨灯和氘灯
- 会操作电脑软件
- 选择最佳波长
- 准确合理配制水杨酸标准系列溶液
- 测定标样和水样的吸光度

知识点

- 比较紫外分光光度计和可见分光光度计的不同
- 参比溶液的选择
- 根据稀释倍数求出水样的原始浓度

思考题

（1）可见分光光度法和紫外分光光度法检测波长范围分别是多少？

（2）紫外光谱分析中所用比色皿是什么材质的？

（3）紫外-可见分光光度计上常用的光源有哪些？

（4）在分光光度分析中测定吸光度时，常用的参比溶液有哪些？

（5）小组讨论说一说用电脑作吸收光谱曲线和标准曲线图时，有哪些操作步骤？与任务二、任务三的电脑作图有哪些不同？

任务六　锅炉给水中磷酸盐的测定（磷钼蓝目视比色法）

任务简介

在酸性溶液（pH=0.2）中，磷酸盐与钼酸铵生成磷钼黄，$SnCl_2$ 将其还原成磷钼蓝后，试样与同时配制的标准色阶进行比色测定。反应式为

$$PO_4^{3-} + 12MoO_4^{2-} + 27H^+ = H_3[P(Mo_3O_{10})_4] + 12H_2O$$

$$[P(Mo_3O_{10})_4]^{3-} + 11H^+ + 4Sn^{2+} = H_3[P(Mo_3O_9)_4] + 4Sn^{4+} + 4H_2O$$

本法适用于磷酸盐含量为2～50mg/L的水样。

任务目标

（1）掌握目视比色法定量分析的实验技术。

（2）练习使用具有磨口塞的比色管。

（3）了解用磷钼蓝目视比色法测定锅炉给水中磷酸盐含量的原理。

（4）学会用磷钼蓝目视比色法测定锅炉给水中磷酸盐的含量。

任务准备

试剂与仪器

1. 试剂

（1）磷酸盐标准储备溶液［$\rho(PO_4^{3-})$=1000mg/L］　称取在105℃烘干的KH_2PO_4 1.4328g溶于少量蒸馏水中，并稀释至1L。

（2）钼酸铵-硫酸混合溶液　向60mL蒸馏水中徐徐加入16.7mL浓H_2SO_4，冷却至室温。称取2g $(NH_4)_6Mo_7O_{24}\cdot 4H_2O$（钼酸铵），研细后，溶于上述硫酸溶液中，用蒸馏水稀释至100mL。

（3）氯化亚锡-甘油溶液［$w(SnCl_2)$=1.5%］　称取1.5g优级纯$SnCl_2$于烧杯中，加20mL浓HCl，加热溶解后，再加80mL纯甘油（丙三醇），搅匀后将溶液转入塑料瓶中备用。

（4）锅炉水样（磷酸盐含量约2～5mg/L）。

2. 仪器

250mL容量瓶（1只）、10mL吸量管（1支）、5mL吸量管（1支）、25mL比色管（12支）。

内　容

1. 标准色阶溶液的配制

（1）磷酸盐工作溶液［$\rho(PO_4^{3-})$ =12.0mg/L］配制　取上述磷酸盐标准储备溶液3.00mL，在250mL容量瓶中用蒸馏水准确稀释至刻度。

（2）标准色阶溶液的配制　取11支25.00mL比色管（见图1-104），编号。分别取0.00mL、1.00mL、2.00mL、3.00mL、4.00mL、5.00mL、6.00mL、7.00mL、8.00mL、9.00mL、10.00mL的磷酸盐工作溶液于上述11支比色管中，各加蒸馏水至15mL左右，然后再各加入2.5mL钼酸铵-硫酸混合溶液，摇匀。然后再各加入4滴氯化亚锡-甘油溶液，用蒸馏水稀释至刻度，充分摇匀，静止10～12min（图1-105、图1-106）。

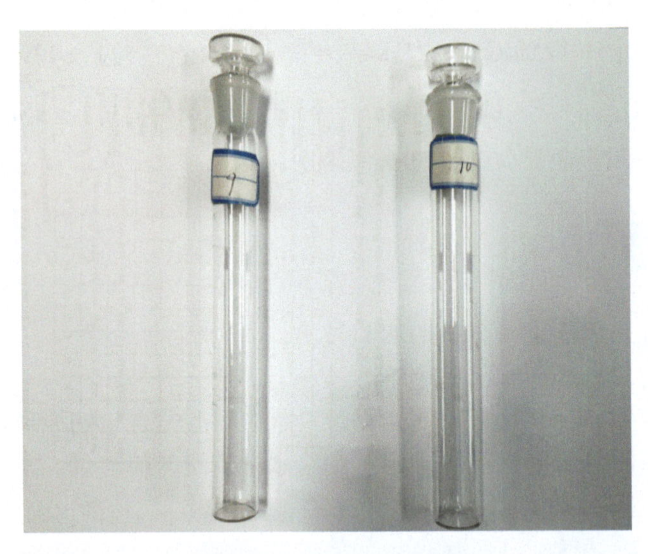

图1-104　25.00mL比色管

图1-105　依次往比色管中移取溶液

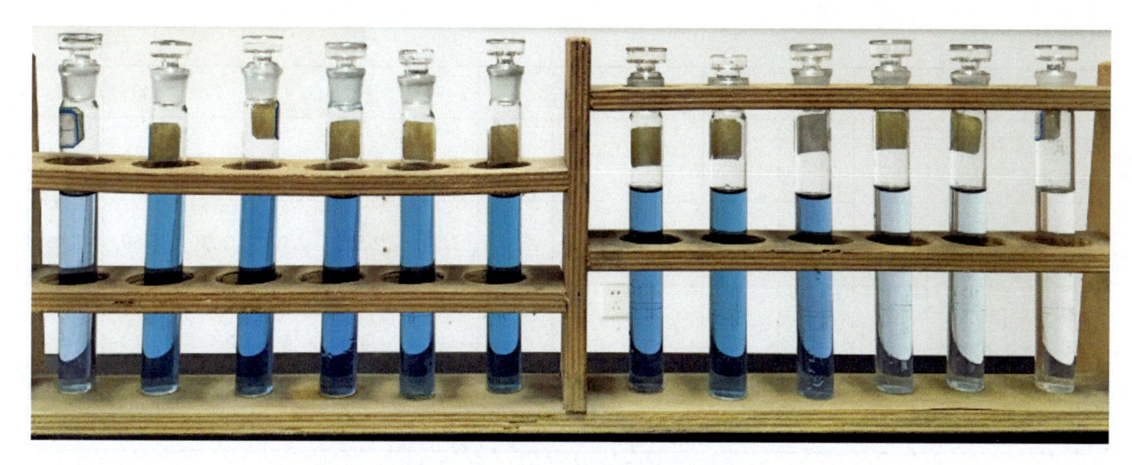

图1-106　标准色阶溶液的配制

2．锅炉水样中磷酸盐含量的测定

取15.00 mL锅炉水样于另一比色管中，与标准溶液相同条件下显色（操作顺序见表1-8），比较其颜色与哪一只标样相同（见图1-107、图1-108），并计算锅炉水样中磷酸盐的浓度（mg/L），数据记录于表1-9。

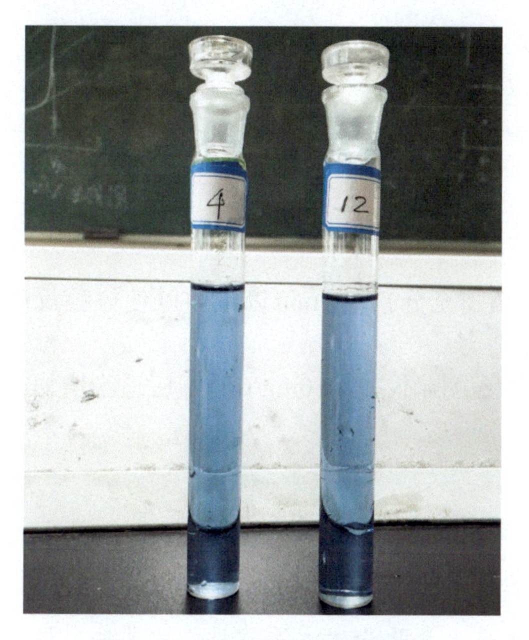

图1-107　侧面比较比色管颜色

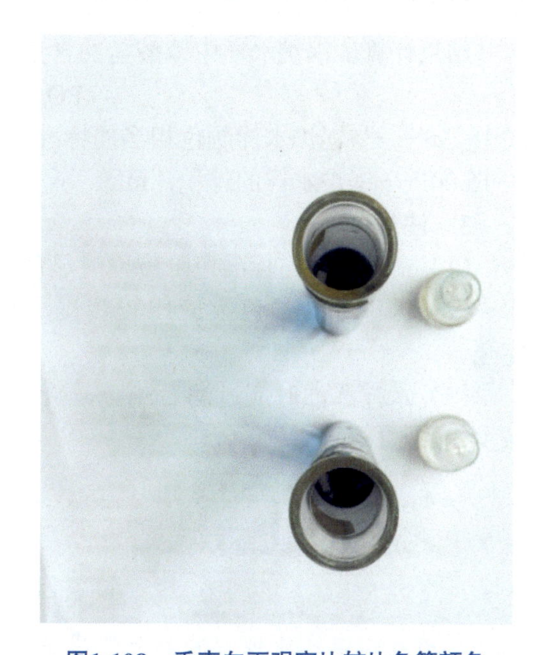

图1-108　垂直向下观察比较比色管颜色

表1-8　操作顺序

编号	1	2	3	4	5	6	7	8	9	10	11	12
加入磷酸盐标液的体积/mL	0.00	1.00	2.00	3.00	4.00	5.00	6.00	7.00	8.00	9.00	10.00	0.00
加入锅炉水样的体积/mL	0.00	0.00	0.00	0.00	0.00	0.00	0.00	0.00	0.00	0.00	0.00	15.00

续表

编号	1	2	3	4	5	6	7	8	9	10	11	12
加入蒸馏水的体积/mL	15.00	14.00	13.00	12.00	11.00	10.00	9.00	8.00	7.00	6.00	5.00	0.00
加入钼酸铵-硫酸溶液的体积/mL	2.50	2.50	2.50	2.50	2.50	2.50	2.50	2.50	2.50	2.50	2.50	2.50
摇匀后加入氯化亚锡-甘油溶液的滴数	4	4	4	4	4	4	4	4	4	4	4	4
以下步骤相同	定容，摇匀，静止10～12min测定											

表1-9　目视比色法测定锅炉水样中磷酸盐的含量数据记录单

对应标液的体积/mL	
测试液的浓度/（mg/L）	
锅炉水样中磷酸盐的含量/（mg/L）	

结果计算：锅炉水样中磷酸盐的含量（以PO_4^{3-}计）（mg/L）按下式计算

$$\rho(PO_4^{3-})=12a/15.00$$

式中　a——与锅炉水样颜色相当的标准色阶中加入PO_4^{3-}标准工作溶液的体积，mL；

15.00——锅炉水样的体积，mL。

3. 注意事项

（1）锅炉水样与标准色阶应同时显色。

（2）因磷钼蓝显色反应比较缓慢，所以必须充分摇动1min以上，以使显色反应完全。

（3）水样浑浊时应过滤后测定，磷酸盐含量范围不在2~50mg/L时，应适当增加或减少锅炉水样量。

知识链接

目视比色法

用眼睛观察比较溶液颜色深浅来测定物质含量的分析方法称目视比色法。该法的原理是将标准溶液与被测溶液在相同条件下进行比较，当溶液液层厚度相同时，两者颜色相同者两者浓度相等，即$c_{标}=c_{样}$。

最简单、最常用的目视比色法是标准系列法。即用不同量的待测物质标准溶液在完全相同的一组比色管（管上刻有一条或两条环线以指示溶液的体积，有10mL、20mL、25mL、100mL等多种规格）中，加入一定量的试剂显色，配成颜色逐渐递变的标准色阶。在相同条件下将试样溶液显色后，从管口垂直向下观察（也可以从比色管侧面观察），如果样品颜色与标准色阶中某标准溶液颜色相同，则两溶液浓度相等。

标准系列法的优点是仪器简单，操作方便，灵敏度高。缺点是标准色阶配制费时，准确度较差。

任务总结

技能点

- 比色管的使用
- 配制标准系列溶液
- 学会磷钼蓝目视比色法测定水中磷酸盐的含量

知识点

- 了解目视比色法原理
- 掌握磷钼蓝目视比色法测定水中磷酸盐的含量的计算

思考题

（1）标准色阶的浓度间隔应如何来确定？

（2）目视比色法的适用范围如何？

（3）为什么显色时必须充分摇匀？

（4）目视比色法中的标准系列法如何操作？

（5）标准系列法的优缺点是什么？

项目二 原子吸收分光光度分析技术

项目导入

自来水中铜含量甚微，铜含量超标将会严重威胁到人类的健康和生存。目前测定铜的方法有很多，比如碘量法、配位滴定法、二乙氨基二硫代甲酸钠萃取光度法、原子吸收光谱法等。前三种方法操作复杂，干扰因素多，灵敏度不高，再现能力差。本实验采用的是原子吸收分光光度法测定自来水中铜的含量。原子吸收分光光度法是一种吸收光谱法，其吸光度与浓度的关系符合朗伯–比尔定律。当光源发射的特征谱线照射在试样蒸气中待测元素的基态原子上时，被吸收的特征谱线强度A与试样中待测元素的浓度c成正比，即$A=Kc$，其中K为常数。这就是原子吸收分光光度法对待测元素进行定量的依据。

学习目标

（1）理解原子吸收光谱分析的基本原理。

（2）掌握常用原子吸收光谱分析的定量方法。

（3）能根据要求处理样品。

（4）在实验过程中培养学生严谨的科学态度，激发学生的学习热情。

工作任务

原子吸收分光光度法测定自来水中铜含量。

任务活动过程

任务　原子吸收分光光度法测定自来水中铜含量

任务简介

对于微量铜的测定，原子吸收分光光度法是较好的方法，原子吸收分光光度法具有灵敏度高、再现性能好、检出限低、分析速度快等特点，而且操作简单、容易掌握。

本实验采用标准加入法定量，原子吸收分光光度定量分析的标准加入法与紫外-可见分光光度分析中的标准加入法相同。

任务目标

（1）了解原子吸收分光光度计的主要结构及其使用方法。

（2）掌握标准加入法定量在原子吸收分光光度法中的应用。

任务准备

试剂与仪器

1. 试剂

蒸馏水、铜标准储备液（1.00mg/mL，称取1.0000g金属铜，溶于15mL 1+1硝酸溶液中，并用纯水定容至1000mL）、1%硝酸溶液、自来水样。

2. 仪器

原子吸收分光光度计（上海分析仪器有限公司4530F）、100mL容量瓶（6只）、25mL移液管（1支）、2mL移液管（1支）。

内　容

1. 铜标准系列溶液配制

（1）10μg/mL铜标准使用液配制　吸取1.00mL铜标准储备液（1.00mg/mL）于100mL容量瓶中，用1%硝酸溶液稀释到刻度，摇匀（见图2-1）。

（2）铜标准系列溶液配制　取100mL容量瓶5只，每只分别加入自来水样25.00 mL，再分别加入铜标准使用液0.00mL、2.00mL、4.00mL、6.00mL、8.00mL，用1%硝酸溶液稀释到刻度，摇匀（见图2-2）。

图2-1　10μg/mL铜标准使用液

2. 自来水中铜含量测定

（1）开风机，检查水封，装空心阴极灯（见图2-3～图2-5）。

图2-2　铜标准系列溶液

图2-3　打开风机

图2-4　检查水封

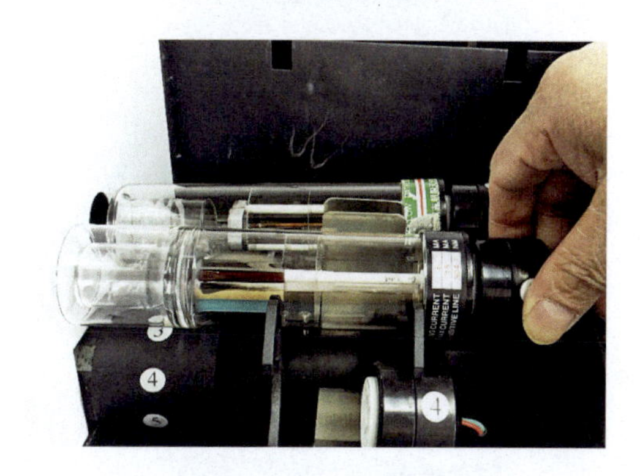

图2-5　装空心阴极灯

（2）打开电脑软件，初始化通信端口出现，打开主机电源（仪器自检），结束后按确定（见图2-6、图2-7）。仪器参数设置（选择元素灯、灯架位置），结束后按“确定”（见图2-8、图2-9）。

（3）设置：仪器参数设置，升降台设置，游标检测（前后226、上下98左右），结束后按“确定”（见图2-10～图2-16）。

（4）细调波长：点击“仪器调整”，调负高压为200V（能量不满格），“发送”后点击“找峰”，点击“灯架调整”后继续找峰，结束后按“确定”（见图2-17～2-20）。

图2-6　打开电脑软件

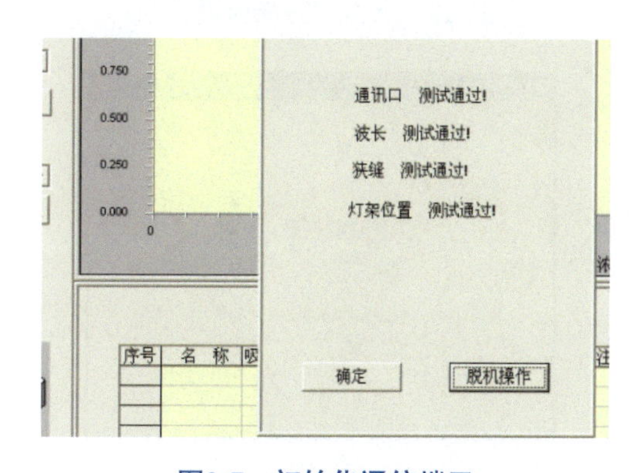

图2-7　初始化通信端口

图2-8 选择元素灯

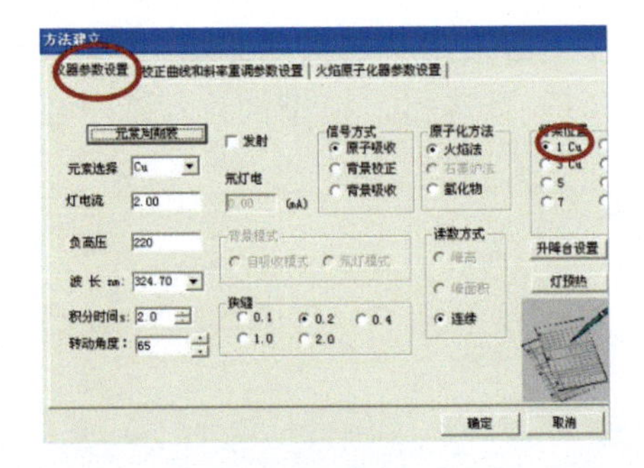

图2-9 选择灯架位置

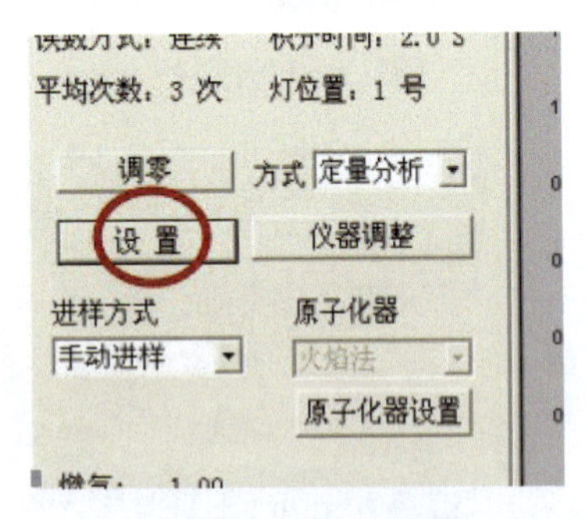

图2-10 点击“设置”

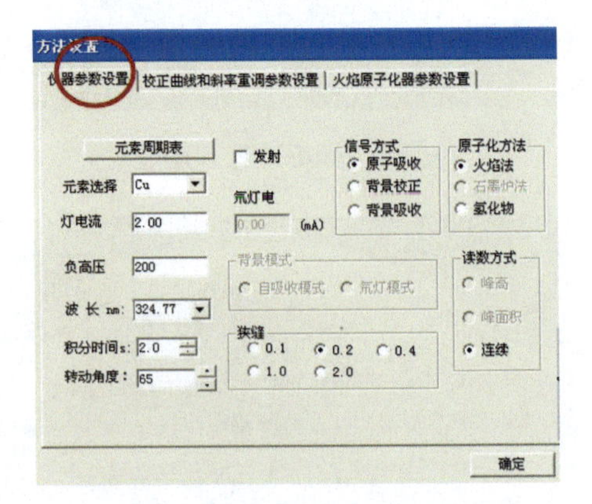

图2-11 点击“仪器参数设置”

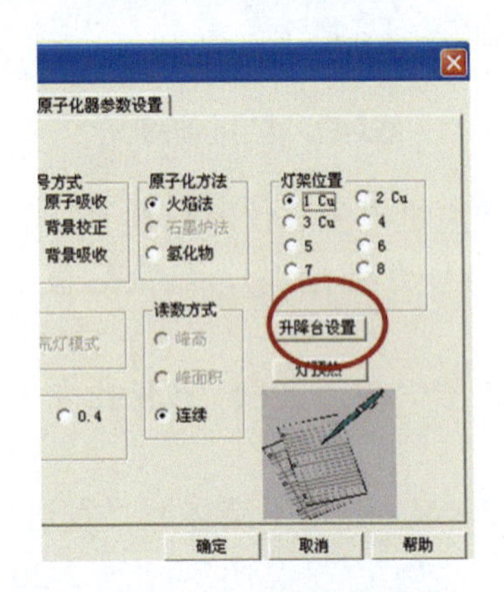

图2-12 点击“升降台设置”

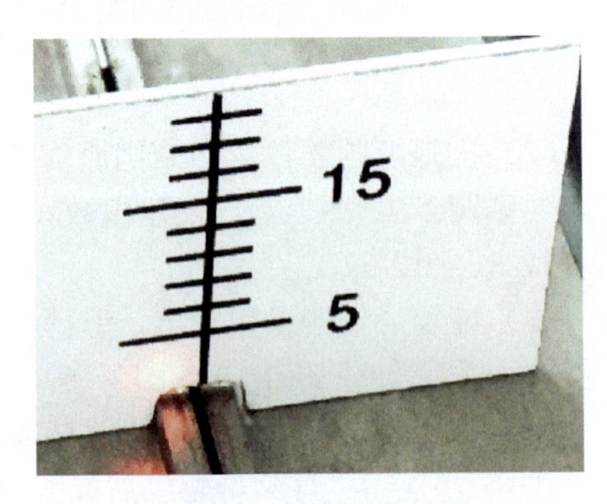

图2-13 游标检测光点

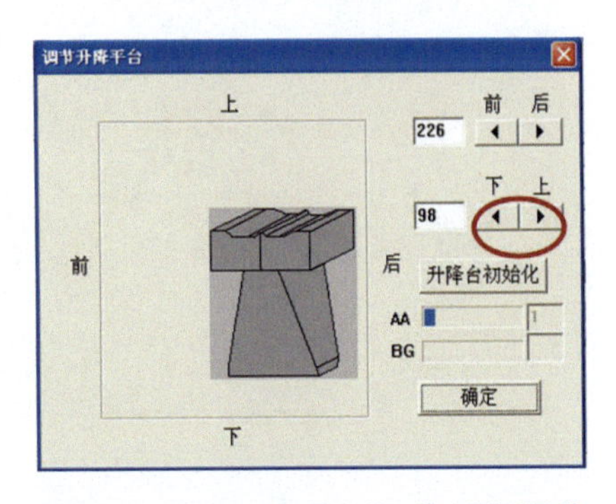

图2-14 点击“上” “下”进行调节

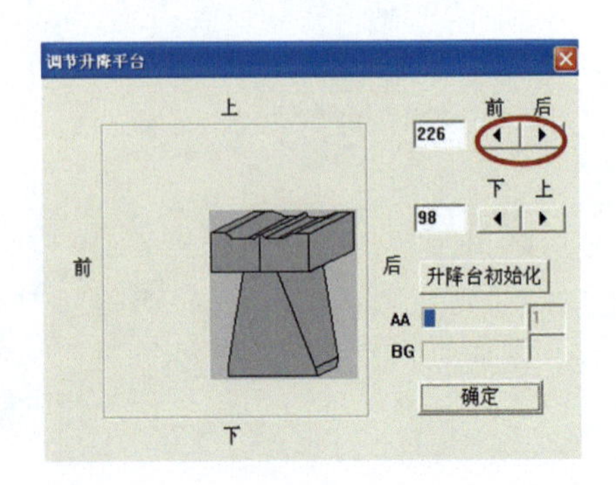

图2-15 点击“前” “后”进行调节

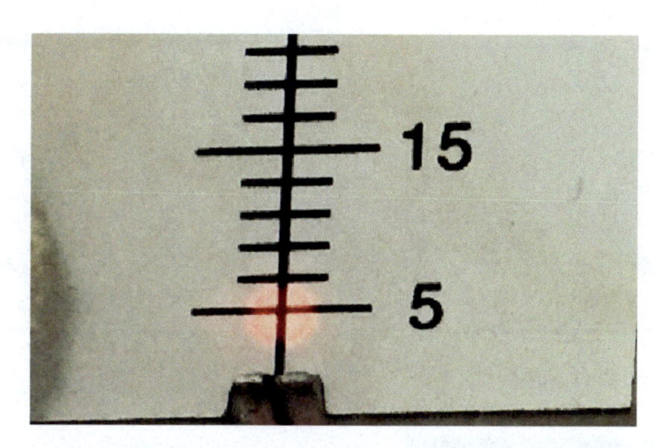

图2-16　调节光点处于游标正中

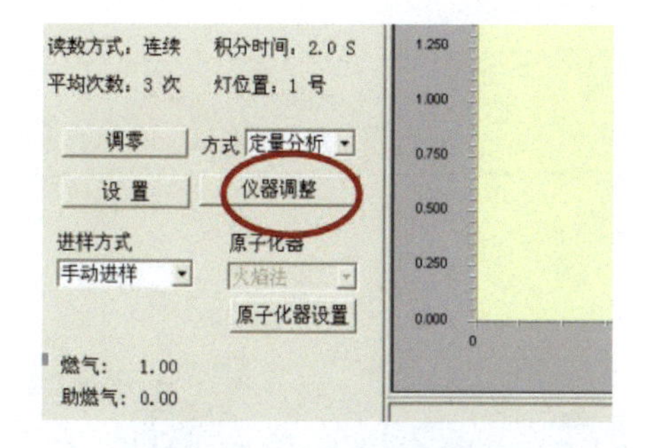

图2-17　点击“仪器调整”

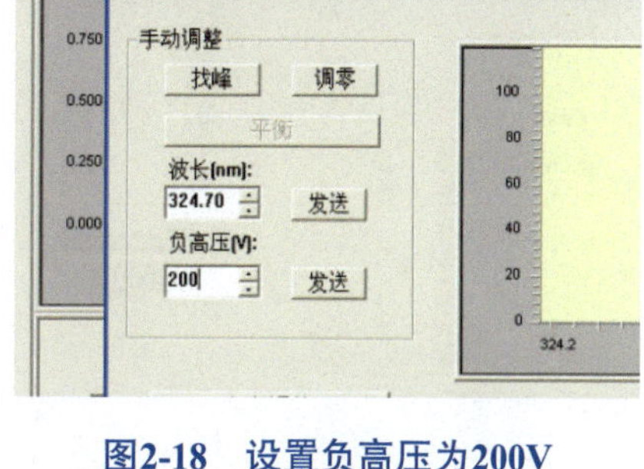

图2-18　设置负高压为200V

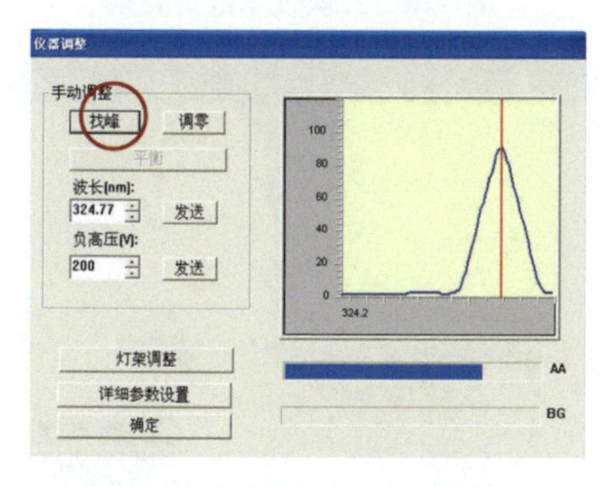

图2-19　发送后，点击“找峰”

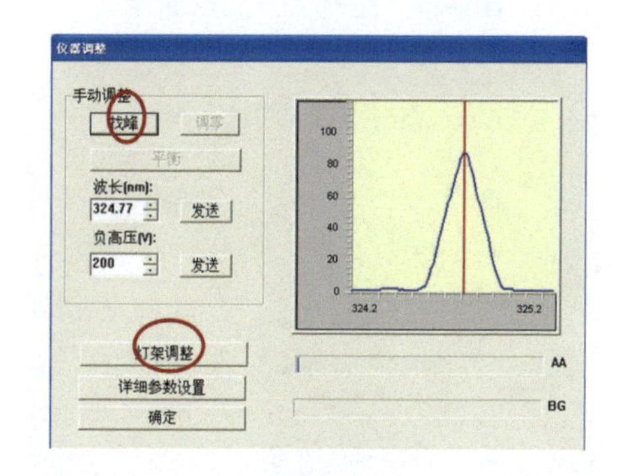

图2-20　点击“灯架调整”后，继续找峰

（5）火焰原子化器参数设置：燃烧头变绿，打开空气压缩机，开乙炔（0.08 MPa），全变绿后调乙炔流量为1.5 L/min，点击“发送”“点火”，结束后按“确定”（见图2-21～图2-31）。

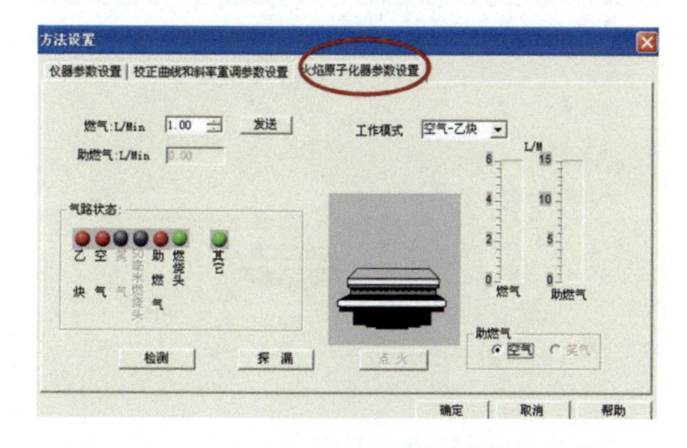

图2-21　点击“火焰原子化器参数设置”

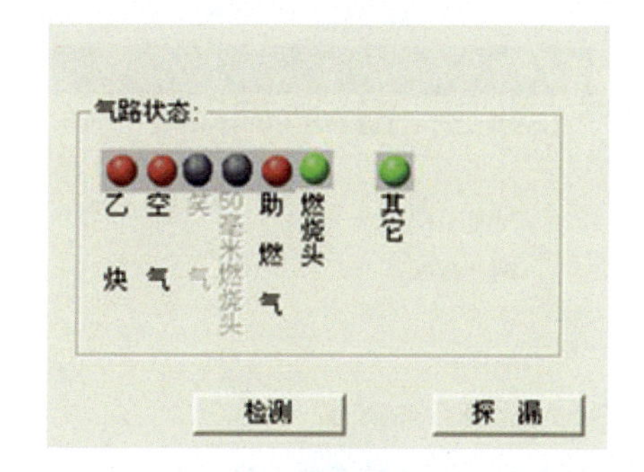

图2-22　燃烧头变绿

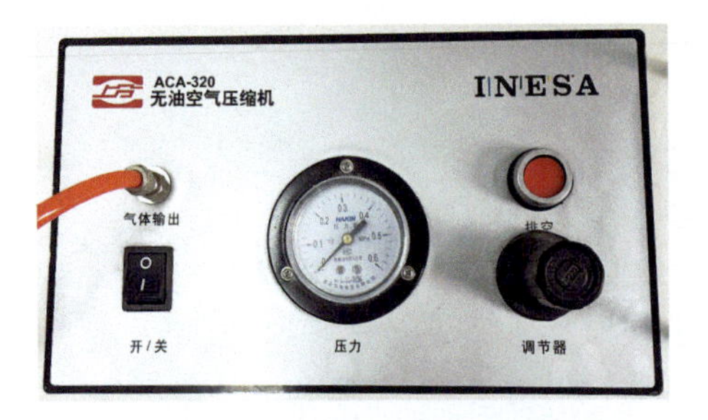

图2-23　打开空气压缩机

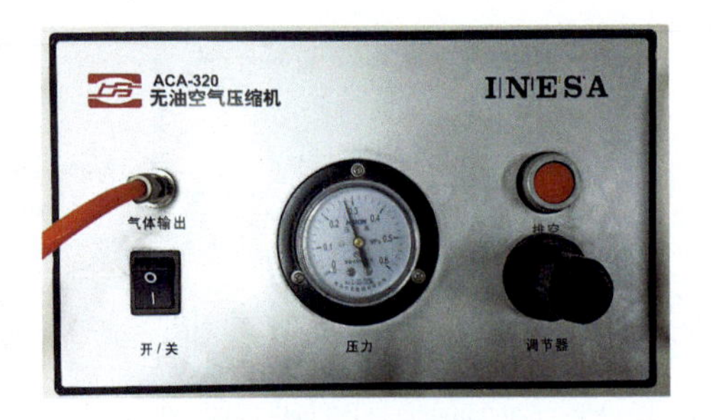

图2-24　点击“排空”

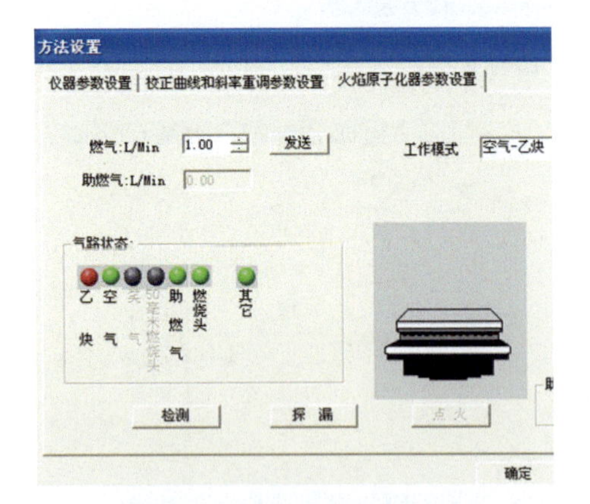

图2-25　空气上方圆点变绿

图2-26　乙炔气体报警装置

图2-27　打开乙炔钢瓶阀

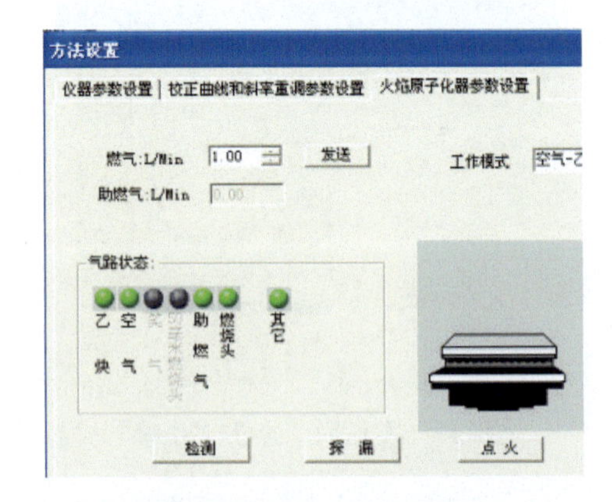

图2-28　乙炔上方圆点变绿

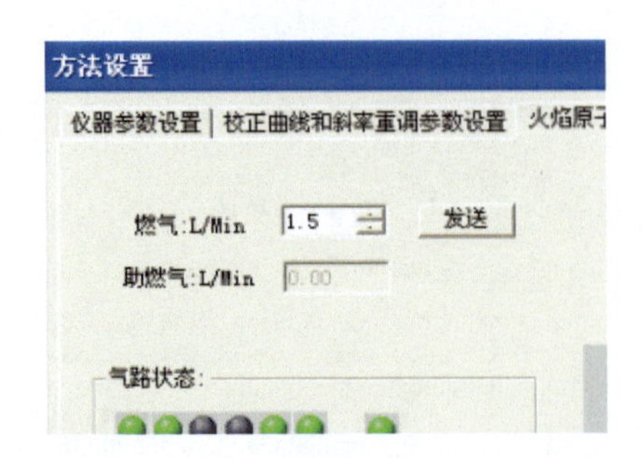

图2-29　调乙炔流量1.5L/min，发送

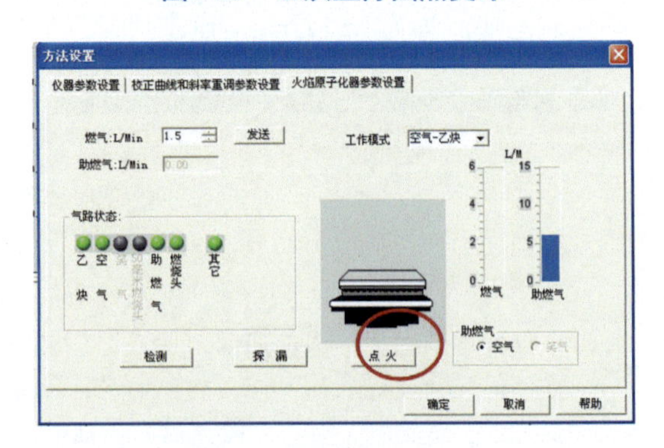

图2-30　点击“点火”

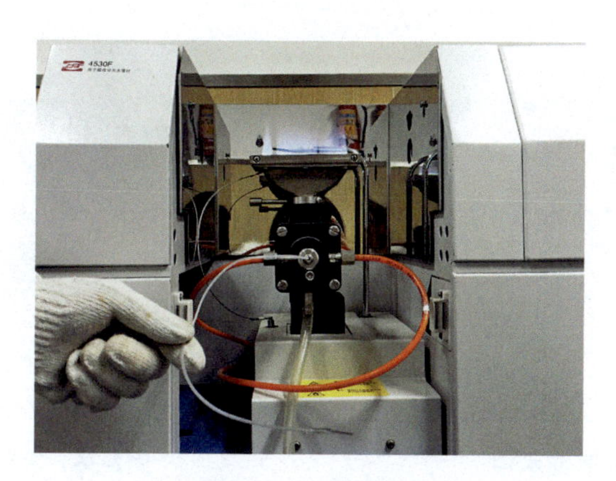

图2-31　完成点火

（6）方法设置：点击“校正曲线和斜率重调参数设置”，选择线性标准加入法、平均次数、浓度单位、标样浓度（0.2mg/L，0.4mg/L，0.6mg/L，0.8mg/L），结束后按“确定”（见图2-32～图2-34）。

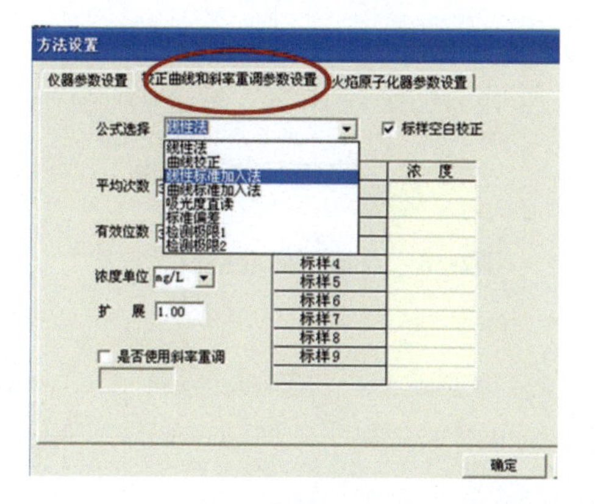

图2-32　点击“校正曲线和斜率重调参数设置”

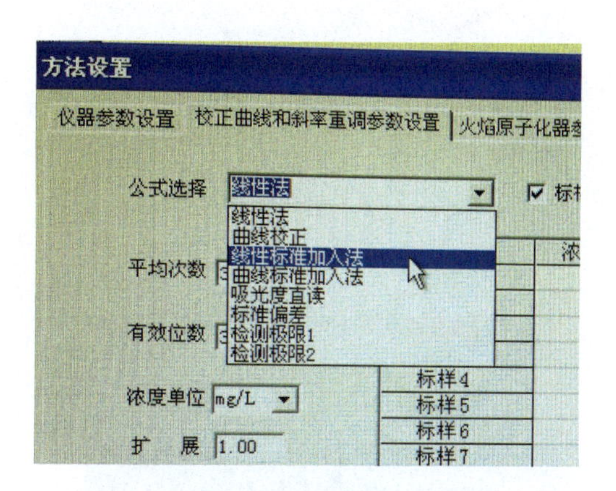

图2-33　选择“线性标准加入法”

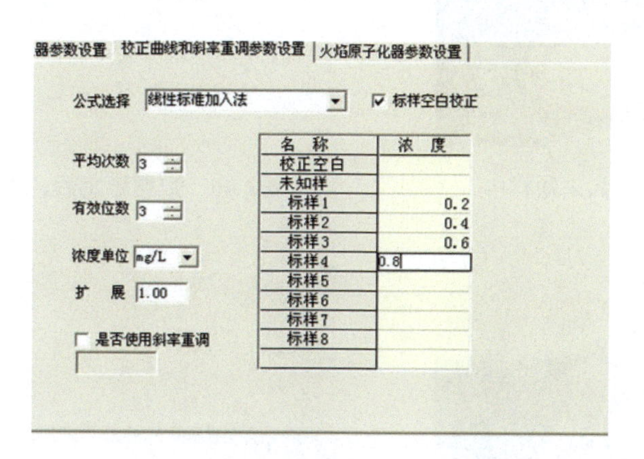

图2-34　设置好参数后点击“确定”

（7）蒸馏水（空白）调0，标准空白测三次，吸取未知样三次，再依次放入标样，等数据稳定后读数三次，标样做完后用蒸馏水清洗。出现标准曲线，记录未知样浓度（见图2-35～图2-43）。

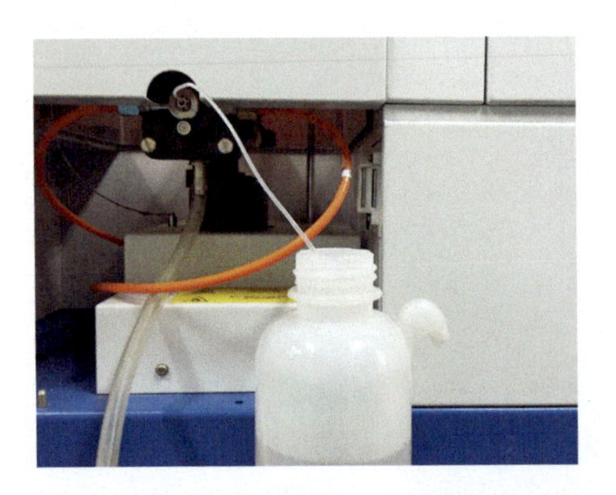

图2-35　毛细管插入蒸馏水中

图2-36　等待火焰呈现黄色

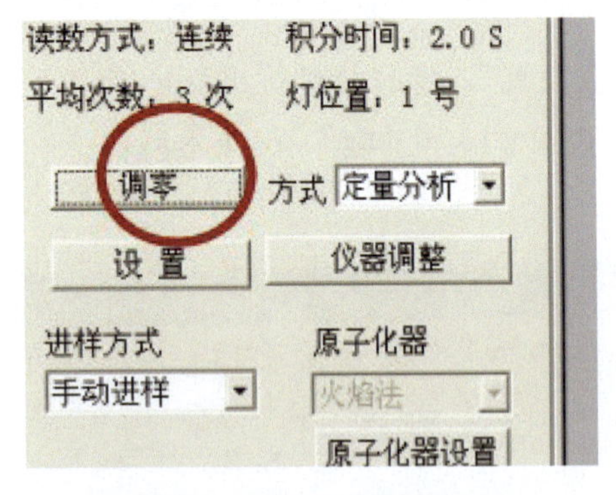

图2-37　点击“调零”

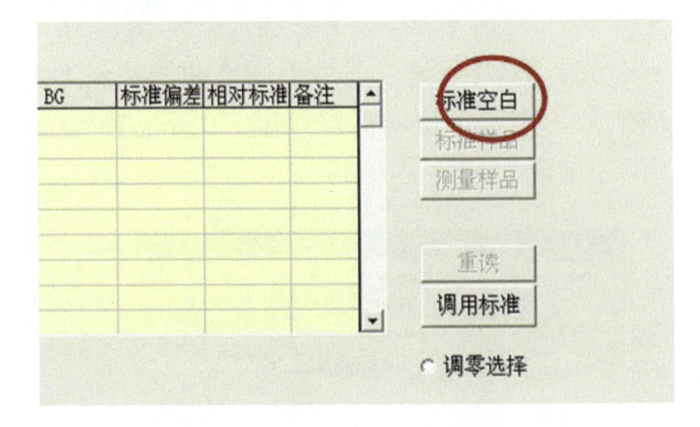

图2-38　点击“标准空白”三次

图2-39　毛细管插入未知样中

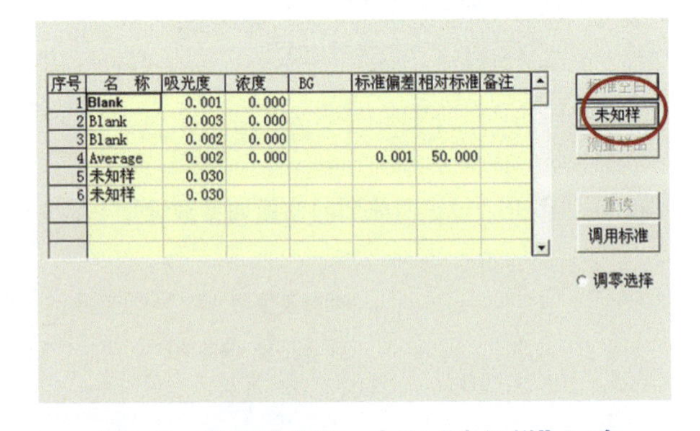

序号	名　称	吸光度	浓度	BG	标准偏差	相对标准	备注
1	Blank	0.001	0.000				
2	Blank	0.003	0.000				
3	Blank	0.002	0.000				
4	Average	0.002	0.000		0.001	50.000	
5	未知样	0.030					
6	未知样	0.030					

图2-40　数据稳定后，点击“未知样”三次

图2-41　毛细管插入标准样品中

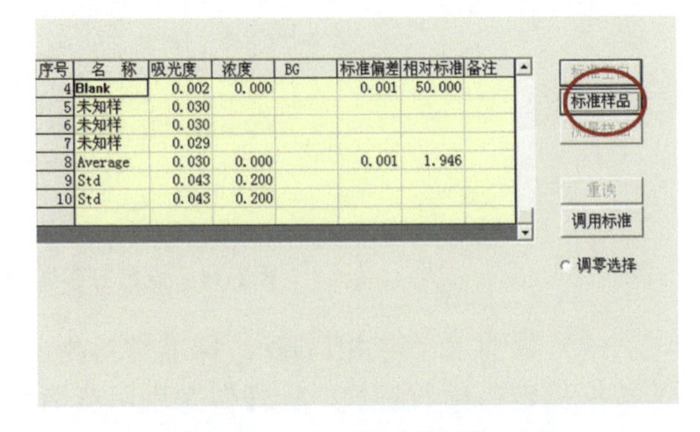

序号	名　称	吸光度	浓度	BG	标准偏差	相对标准	备注
4	Blank	0.002	0.000		0.001	50.000	
5	未知样	0.030					
6	未知样	0.030					
7	未知样	0.029					
8	Average	0.030	0.000		0.001	1.946	
9	Std	0.043	0.200				
10	Std	0.043	0.200				

图2-42　点击“标准样品”三次

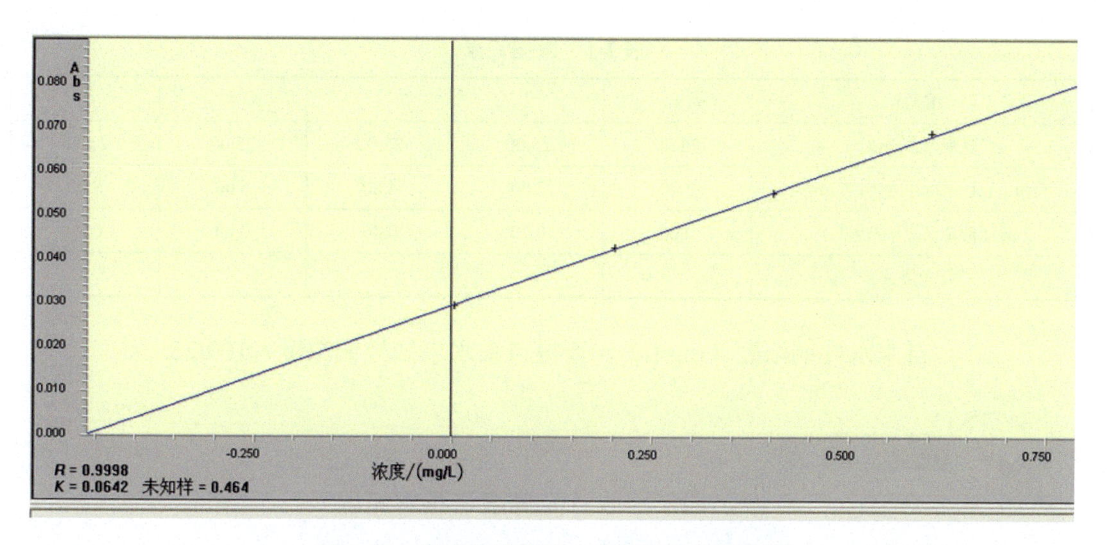

图 2-43 出现标准曲线、未知样浓度等数据

（8）点击“保存”，填写好信息后点击“确定”（见图2-44、图2-45）。

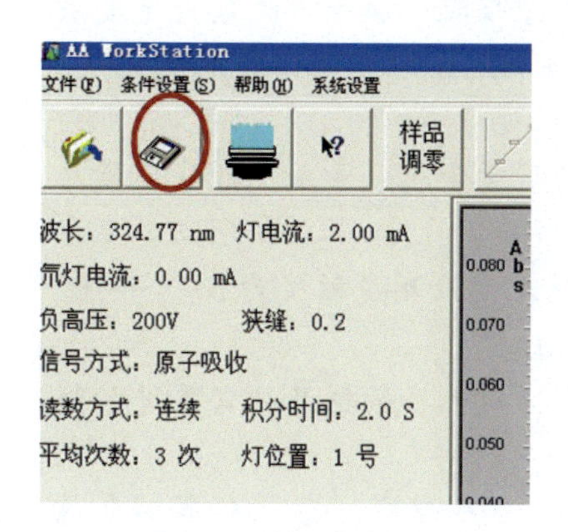

图2-44 点击“保存”

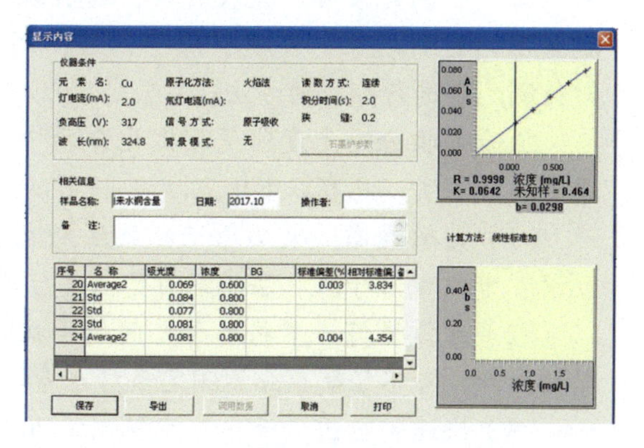

图2-45 填写好信息后点击“确定”

（9）关乙炔，关空气，关主机（见图2-46）。

图2-46 关闭乙炔后，出现上图“错误”后，管道乙炔燃烧完全

3. 结果记录与计算

标准系列溶液配制见表2-1，测得的吸光度数据填于表2-1中。

表2-1 数据记录

编号	1	2	3	4	5
自来水样/mL	25.00	25.00	25.00	25.00	25.00
10μg/mL铜标准使用液/mL	0.00	2.00	4.00	6.00	8.00
铜标液浓度/（μg/mL）	0.00	0.20	0.40	0.60	0.80
吸光度A					

自来水样铜浓度（mg/L）= 查得自来水未知样铜浓度×100/25

知识链接

一、原子吸收分光光度法基本知识

绝大多数化合物在加热到足够高的温度时，其中的元素可解离成为气态基态原子，此过程称为试样原子化。试样蒸气中待测元素的基态原子对同种元素发射的特征波长的光波具有吸收作用，这种现象称为原子吸收。原子吸收分光光度法就是利用这种现象，使试样原子化后，测定其中待测元素对特征谱线的吸光度，对待测元素进行分析的方法。

原子吸收分光光度法是测定化合物中痕量和超痕量金属元素或少数非金属元素的有效方法，具有以下优点。

（1）灵敏度高　火焰原子吸收法对大多数金属元素检测灵敏度为10^{-10} ~ 10^{-8} g/mL。非火焰原子吸收法的绝对灵敏度可达10^{-10}g/mL。

（2）选择性好　不同元素之间的干扰一般很小，对大多数样品只需要进行简单的处理，可不经复杂分离测定多种元素。

（3）快速、应用广泛，能直接测定70多种元素　例如：K、Na、Mg等碱金属和碱土金属，Fe、Co、Ni、Cr等有色金属，Ag、Au等贵金属元素等。

二、认识原子吸收分光光度计

原子吸收分光光度计具有单光束、双光束等结构形式，其主要构成部分包括光源、原子化器、单色器、检测器、数据记录与处理系统，如图2-47所示。

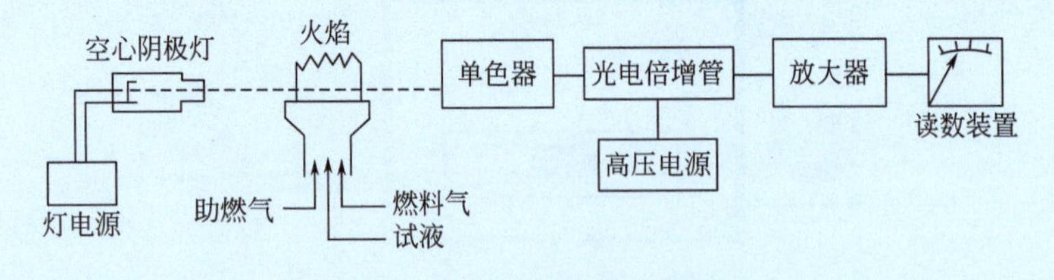

图2-47　原子吸收分析示意图

1. 光源

（1）作用　发射特征谱线，照射待测元素原子蒸气。由于光源必须能发射待测元素的特征谱线，因此都是由含有待测元素的材料制成的。

（2）空心阴极灯　空心阴极灯是目前最常用的光源（如图2-48）。空心阴极灯中含有一个内壁由含待测元素的材料制成的圆柱形空心阴极和一个钨棒制成的阳极。阴极、阳极密封在带有光学窗口的玻璃管内，内部充满惰性气体。当在两极上加上300 ~ 500V电压时，可以发射出待测元素的特征谱线。

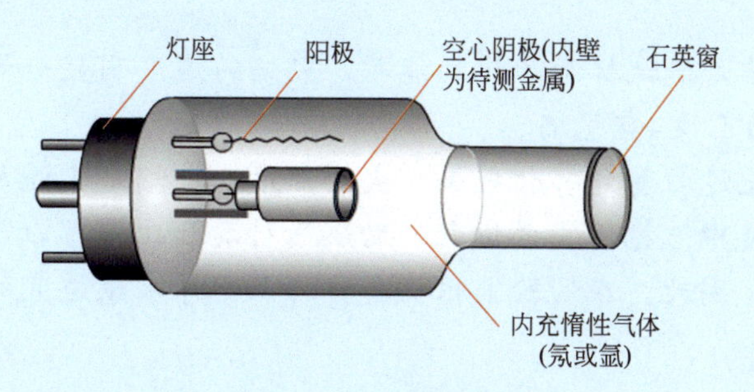

图2-48　空心阴极灯

2. 原子化器

（1）作用　将试样原子化，即将供试品中的待测元素转变为基态原子蒸气。

（2）分类　原子化方法分为火焰原子化法、非火焰原子化法两大类。

火焰原子化法将试液喷入火焰，利用火焰蒸发、分解，将样品原子化，特点是应用范围广，对多数元素都有较高的灵敏度，但供试品必须配制为液体，火焰温度高达几千摄氏度，化学干扰多，试样利用率低，取样量稍大，浓度过高，容易产生“记忆”效应。

非火焰原子化法不利用火焰进行原子化，但具备一些与火焰原子化法互补的特点，例如：石墨炉原子化法，对于固体、液体样品均可直接应用，且有利于难熔氧化物的分解，取样量较小，试样利用率高，化学干扰少；氢化物发生原子化法，在原子化的同时具有分离效果，减少干扰，较适用于汞、砷、锡、硒、锑等元素的测定。

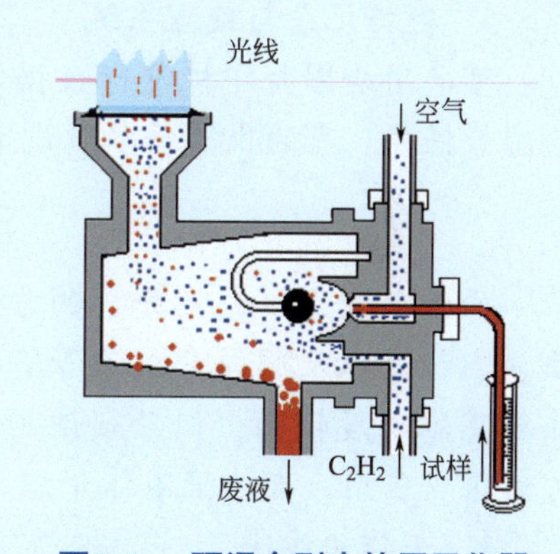

图2-49　预混合型火焰原子化器

（3）火焰原子化过程　预混合型火焰原子化器由雾化器、雾化室和燃烧器组成（如图2-49）。

①雾化器　雾化器（见图2-50）的作用是使试液分散为雾滴。当助燃气以高速通过雾化器时，可在气管管口形成负压，从而将试液沿毛细管吸入，并分散成液滴，碰到撞击球上，进一步分散成细雾。

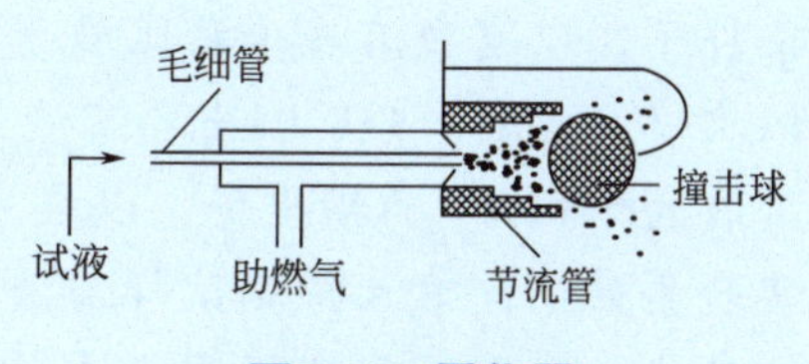

图2-50　雾化器

②雾化室　雾化室的作用是进一步细化雾

滴，并使之与燃料气均匀混合后进入火焰。在喷嘴前装一撞击球，使雾滴进一步细化。雾化室的废液排出管，要用导管通入废液收集瓶中并加水封，以保证火焰的稳定性，也避免燃料气逸出造成事故。

③燃烧器　燃烧器也叫喷灯，其作用是利用火焰的热能，将试样汽化并进而离解成基态原子。

④火焰　火焰是使试样原子化的能源，火焰的温度明显地影响着原子化的过程。常用的火焰为乙炔-空气焰。

样品的原子化过程受到雾化效果、火焰温度、火焰氧化还原性、透射性能等许多因素影响，其中选择适当的燃气、助燃气种类和比例可以改变火焰温度、火焰氧化还原性等，因此，在实验前根据具体样品，寻求最适宜的各种原子化条件十分重要。

3. 单色器

单色器的作用是将所需要的共振吸收线与邻近干扰线分离，然后通过对出口狭缝的调节使非分析线被阻隔，只有被测元素的共振线从出口狭缝出，进入检测器。单色器的结构与普通紫外可见分光光度计相同，由色散元件、狭缝和凹面反射镜组成，其关键部件是色散元件，通常采用衍射光栅，波长范围一般为190 ~ 900nm。

4. 检测器

检测器的作用是将单色器分出的光信号进行光电转换。目前多使用光电倍增管作为检测器，检测器输出的信号要求灵敏度高、噪声低、稳定性好。

5. 数据记录与处理系统

可采用绘图打印机进行数据记录，采用微型计算机进行数据处理、积分计算、绘图等任务。有的仪器将参数设定、数据记录与处理放在一起。

三、定量分析方法

原子吸收光谱定量分析的方法很多，如工作曲线法、标准加入法、紧密内插法、内标法以及间接分析法等。其中紧密内插法适合于高含量组分的分析；内标法虽然准确度较高，但必须使用双波道原子吸收分光光度计。因此，这两种分析方法很少应用，在这里不作介绍。

1. 工作曲线法

原子吸收分光光度分析的工作曲线法，与紫外-可见分光光度分析中的工作曲线法相似。根据样品的实际情况，配制一组浓度适宜的标准溶液，在选定的实验条件下，以空白溶液（参比液）调零后，将所配制的标准溶液由低浓度到高浓度依次喷入火焰，分别测出各溶液的吸光度A。以待测元素的质量浓度（或所取标准溶液的体积V）为横坐标，以吸光度A为纵坐标绘制工作曲线。然后在完全相同的实验条件下，喷入待测试样溶液测出其吸光度。从工作曲线上查出该吸光度所对应的浓度，即所测试样溶液中待测元素的浓度。以此进行计算，就可得出试样中待测元素的含量。

【例2-1】 测自来水中镁的含量：取7个50mL容量瓶，分别加入0.00mL、2.00mL、4.00mL、6.00mL、8.00mL、10.00mL的Mg标准溶液（50μg/mL），及25.00mL自来水样品，再依次各加入2mL $SrCl_2$溶液，然后用蒸馏水稀释至刻度，摇匀，用蒸馏水喷雾调零点，再依次测标样系列吸光度，得A=0.102、0.201、0.300、0.400、0.499，A_x=0.350，求算自来水中镁的质量浓度c_x。

解 标准溶液稀释后浓度为0μg/mL、2μg/mL、4μg/mL、6μg/mL、8μg/mL、10μg/mL，作A-c工作曲线，见图2-51。

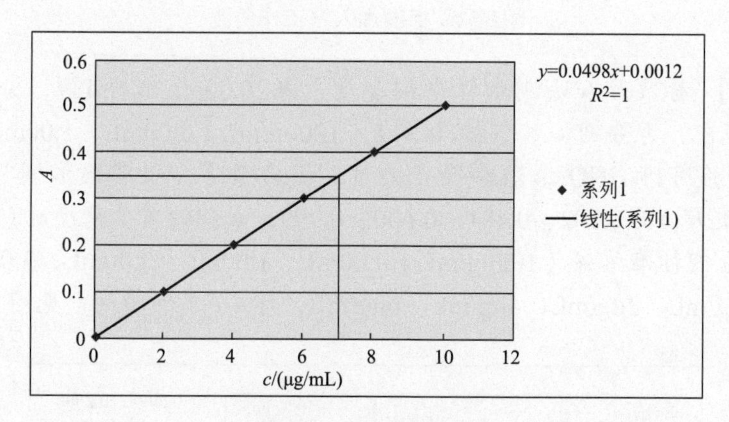

图2-51 A-c工作曲线

由A_x=0.350，查图得$c_{查图}$=7.0μg/mL。

自来水中镁的质量浓度$c_x=\dfrac{c_{查图}V_{定容}}{V_{样品}}=\dfrac{7.0\times50}{25.0}$=14.0μg/mL

工作曲线法仅用于样品组成简单或共存元素没有干扰的试样。可用于同类大批量样品的分析，具有简单、快速的特点。这种方法的主要缺点是基体影响较大。为保证测定的准确度，使用工作曲线法时应当注意以下几点。

（1）所配制的标准系列的浓度，应在吸光度与浓度成直线关系的范围内，其吸光度值应在0.2～0.8之间，以减小读数误差。

（2）标准系列的基体组成，与待测试液应当尽可能一致，以减小因基体不同而产生的误差。

（3）整个测定过程中，操作条件应当保持不变。

（4）每次测定都应同时绘制工作曲线。

2. 标准加入法

标准加入法是一种用于消除基体干扰的测定方法。适用于数目不多的样品的分析。

其测定方法是取若干（不少于四份）体积相同的试样溶液，从第二份起依次加入质量浓度分别为c_0、$2c_0$、$3c_0$、$4c_0$的标准溶液，然后用蒸馏水稀释至相同体积后摇匀。在相同的实验条件下，依次测得各溶液的吸光度为A_x、A_1、A_2、A_3、A_4，以吸光度A为纵坐标，以标准溶液的浓度c为横坐标，作A-c曲线，外延曲线与横坐标相交于c_x，此点与原点距离相当的浓度，即为所测试样溶液中待测元素的浓度，如图2-52所示。以此进行计算，即可求出试样中待测元素的含量。

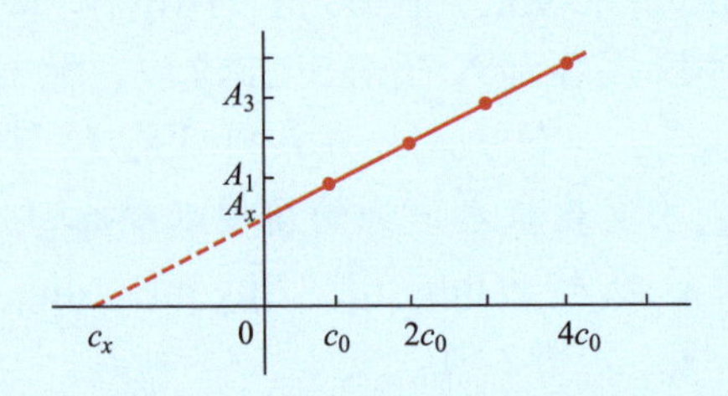

图2-52　标准加入法工作曲线

【例2-2】 标准加入法测水样中铜含量：取20.00mL水样4份，分别加入4个50mL容量瓶中，再分别加入铜标准溶液（100μg/mL）0.00mL、1.00mL、2.00mL、3.00mL，分别用1%HNO_3溶液稀释至刻度，摇匀喷雾，以蒸馏水调节仪器零点，分别测得吸光度A为0.202、0.401、0.600、0.799，求铜的质量浓度c_x（μg/mL）。

解　4份铜标准溶液（100μg/mL）0.00mL、1.00mL、2.00mL、3.00mL其对应的浓度为0μg/mL、2μg/mL、4μg/mL、6μg/mL，作A-c工作曲线，见图2-53。

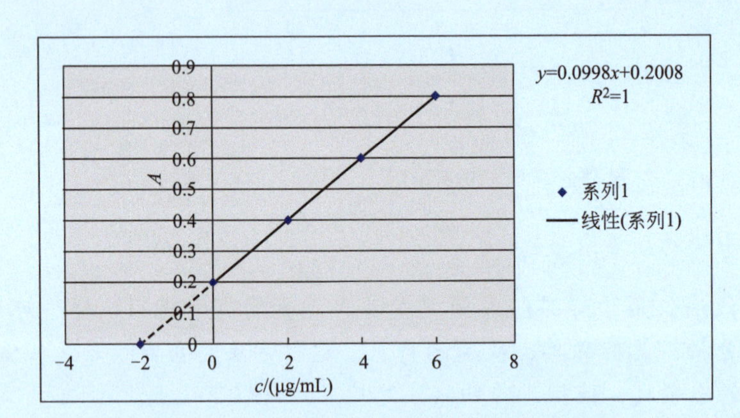

图2-53　标准加入法测水样中铜含量工作曲线

由作图获得c_x=2.00μg/mL（样品稀释后浓度），上面操作是取水样20.00mL加入50mL容量瓶中定容，故原试样

$$c\,(\text{Cu})=\frac{c_x V_{容量瓶}}{V_{样}}=\frac{2.0\times 50}{20}=5.0\mu\text{g/mL}$$

使用标准加入法应注意以下几点。

（1）标准加入法只适用于浓度与吸光度成直线关系的范围。

（2）加入第一份标准溶液的浓度，与试样溶液的浓度应当接近（可通过试喷样品溶液和标准溶液，比较两者的吸光度来判断），以免曲线的斜率过大、过小，给测定结果引进较大的误差。

（3）该法只能消除基体干扰，而不能消除背景吸收等的影响。

（4）标准加入法比较麻烦，适用于基体组成未知或基体复杂的试样的分析。

任务总结

技能点	知识点
➤ 原子吸收分光光度计的使用	➤ 原子吸收分光光度法的基本原理
➤ 标准系列溶液的配制	➤ 原子吸收分光光度计的组成
➤ 能合理选择分析方法对物质含量进行测定	➤ 原子吸收的定量分析方法
➤ 学习使用标准加入法进行定量分析	

思考题

(1) 原子吸收分光光度计由哪几部分组成?

(2) 采用标准曲线法定量分析应注意哪些问题?

(3) 采用标准加入法定量分析应注意哪些问题?

(4) 本次实验使用了什么火焰? 上网查询火焰温度约为多少?

(5) 原子吸收分光光度法有什么优点?

(6) 原子吸收分光光度法用什么灯作光源?

项目三 电位分析技术

项目导入

电位分析法是通过测定化学电池中两个电极之间的电位差（电动势）或电位差的变化，利用电位差与溶液中待测物质离子的活度（或浓度）的关系进行定量分析的一种电化学分析法。该方法主要用于各种样品中无机离子、有机电活性物质及溶液pH的测定，还可以用来测定酸碱的解离常数和配合物的稳定常数。

学习目标

（1）了解电位分析法的基本知识。
（2）了解常用的参比电极和指示电极。
（3）学会用直接电位法测定溶液的pH。
（4）掌握标准曲线法测定氟离子浓度。
（5）掌握电位滴定分析确定滴定终点的计算方法。
（6）能在实验中采取必要的安全防护措施，注意保护环境。

工作任务

（1）直接电位法测溶液的pH。
（2）氟离子选择性电极测定饮用水中的氟。
（3）重铬酸钾电位滴定法测定亚铁离子含量。

任务活动过程

任务一　直接电位法测溶液的pH

任务简介

pH测定是水的重要检验项目之一，是评价水质的一个重要指标。生活用水、实验废水、工业用水、污水的排放，都需测定pH，一般采用直接电位法，使用这种方法测定pH需要一种专门的仪器——酸度计。

任务目标

（1）认识酸度计。

（2）会正确使用电极。

（3）会测定溶液pH。

任务准备

试剂与仪器

1. 试剂

（1）pH=4.00的标准缓冲溶液甲（25℃）　称取在110℃下干燥过1h的邻苯二甲酸氢钾5.11g，用无CO_2的水溶解并稀释至500mL。储于用所配溶液荡洗过的聚乙烯试剂瓶中，贴上标签。

（2）pH=6.86的标准缓冲溶液乙（25℃）　称取在（120±10）℃下干燥过2h的磷酸二氢钾1.70g和磷酸氢二钠1.78g，用无CO_2的水溶解，并稀释至500mL。储于用所配溶液荡洗过的聚乙烯试剂瓶中，贴上标签。

（3）pH=9.18的标准缓冲溶液丙（25℃）　称取1.91g四硼酸钠（用装有蔗糖和氯化钠饱和溶液的干燥器干燥），用无CO_2的水溶解并稀释至500mL。储于用所配溶液荡洗过的聚乙烯试剂瓶中，贴上标签。

（4）实验废水A和B。

（5）广泛pH试纸。

2. 仪器

pHS-3C酸度计（1台）、231型pH玻璃电极和232型饱和甘汞电极（或pH复合电极）（1支）、温度计（1支）、50mL塑料烧杯（5只）。

内　容

1. 实验操作过程

（1）配制pH分别为4.00、6.86、9.18（25℃）的标准缓冲溶液甲、乙、丙各250mL（也可用市售标准缓冲溶液配制），见图3-1。

图3-1　配制缓冲溶液于250mL容量瓶中

（2）酸度计使用前准备　接通电源，预热20min。按图3-2～图3-5装好电极。

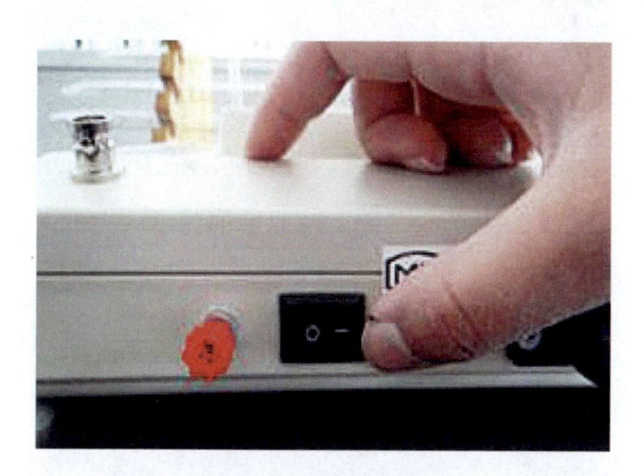

图3-2　打开电源开关

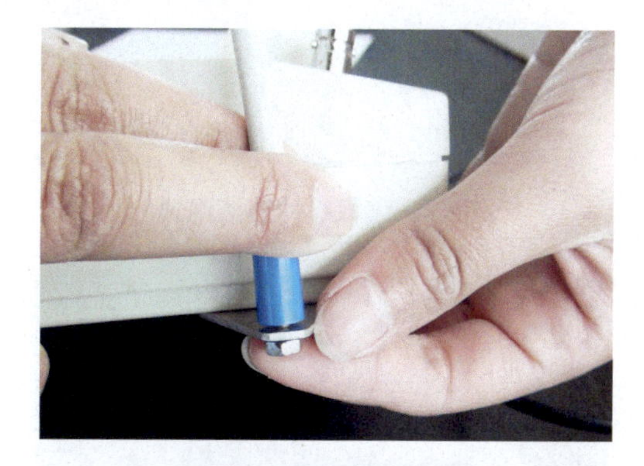

图3-3　装好电极支架

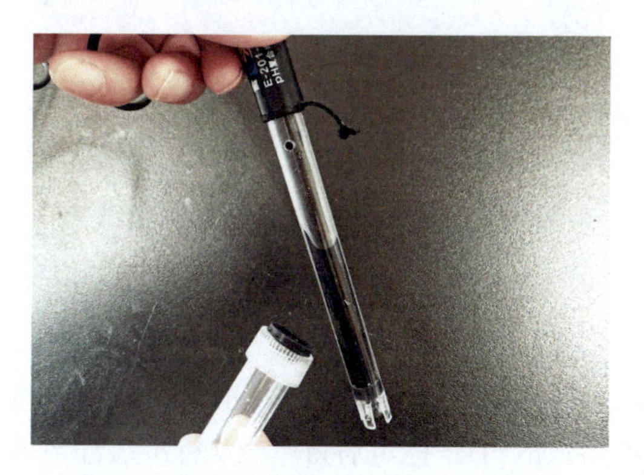

图3-4　拿下底端盖子，打开上方胶帽

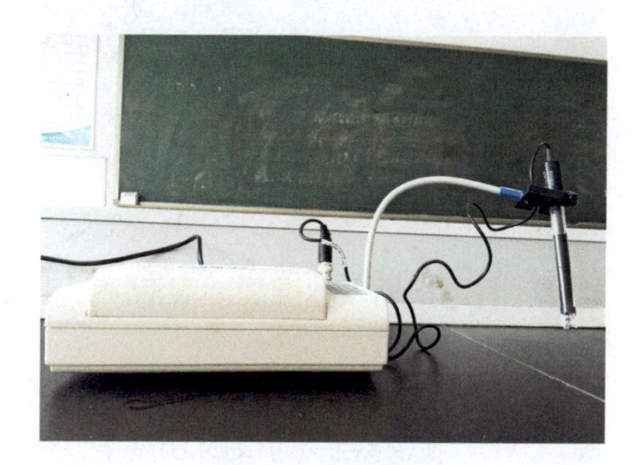

图3-5　装好电极

（3）校正酸度计（二点校正法）

① 取一洁净塑料试杯，用pH=6.86（25℃）的标准缓冲溶液乙荡洗三次，倒入50mL左右该标准缓冲溶液。用温度计测量标准缓冲溶液温度，调节“温度”调节器，使显示的温度为所测得的温度（见图3-6～图3-11）。

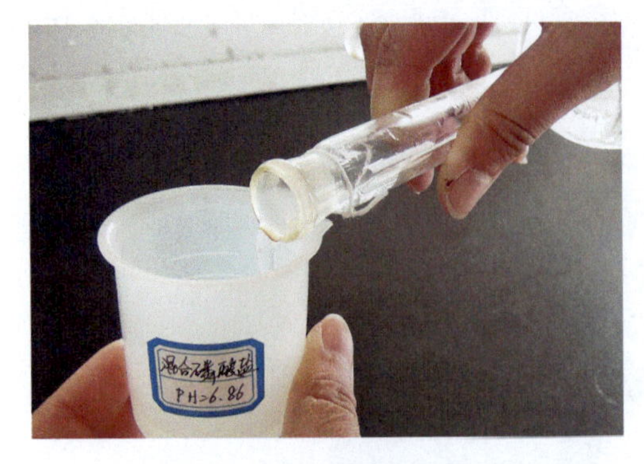

图3-6　缓冲溶液润洗3次

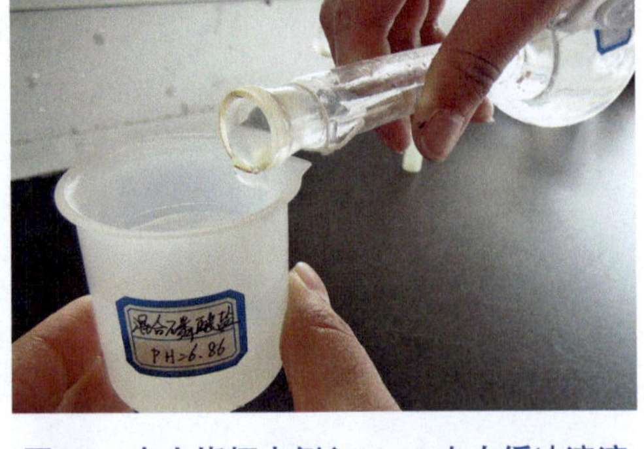

图3-7　在小烧杯中倒入50mL左右缓冲溶液

图3-8　读取缓冲溶液温度

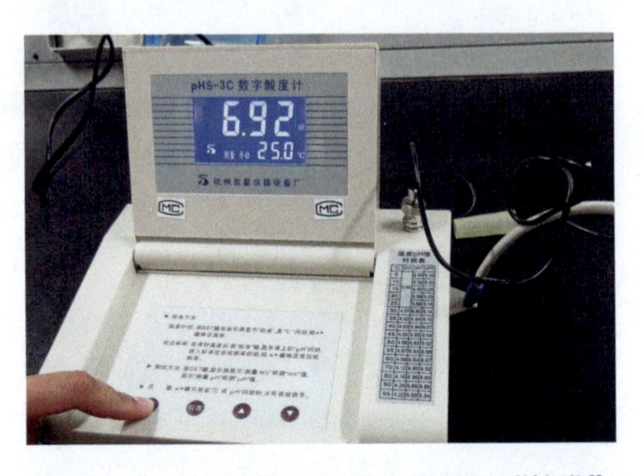

图3-9　按“set”键，使显示屏显示“校准”

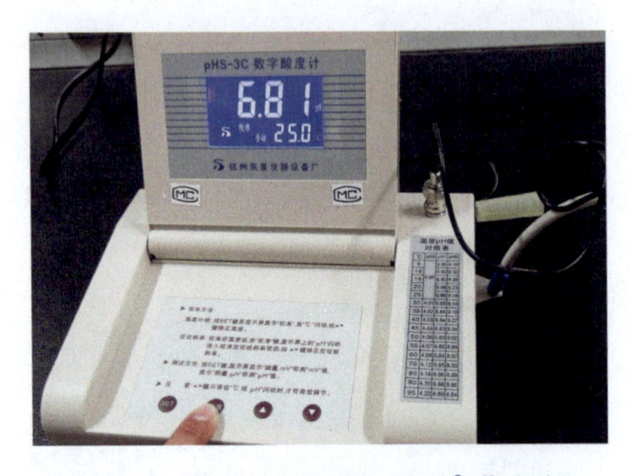

图3-10　按“校准”键，使“℃”闪烁

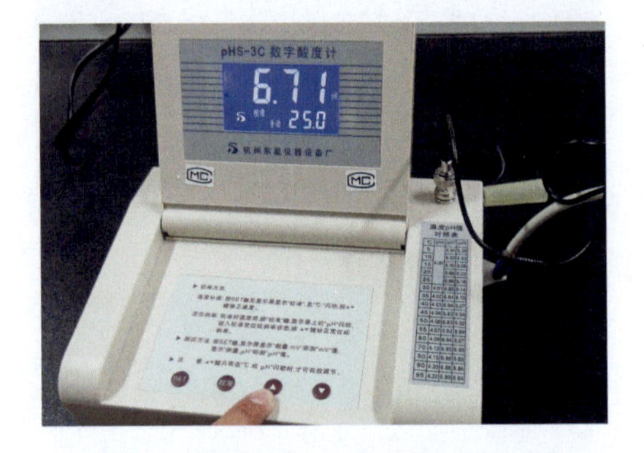

图3-11　按“▲”　“▼”调节修正温度

② 将电极插入标准缓冲溶液中，小心轻摇几下试杯，以促使电极平衡（见图3-12、图3-13）。

③ 校准好温度后，按“校准”键，显示屏上的“pH”闪烁，进入校准定位状态，按“▲”“▼”，使仪器显示值为此温度下该标准缓冲溶液的pH。稳定后将电极从标准缓冲溶液中取出，移去试杯，用蒸馏水清洗电极，并用滤纸吸干电极外壁水（见图3-14～图3-18）。

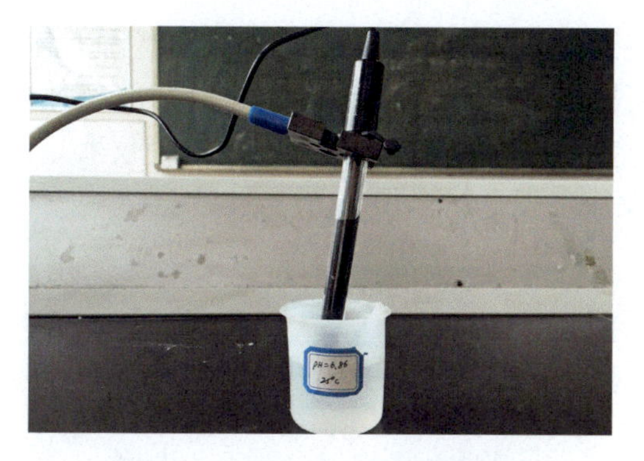

图3-12　电极插入缓冲溶液中

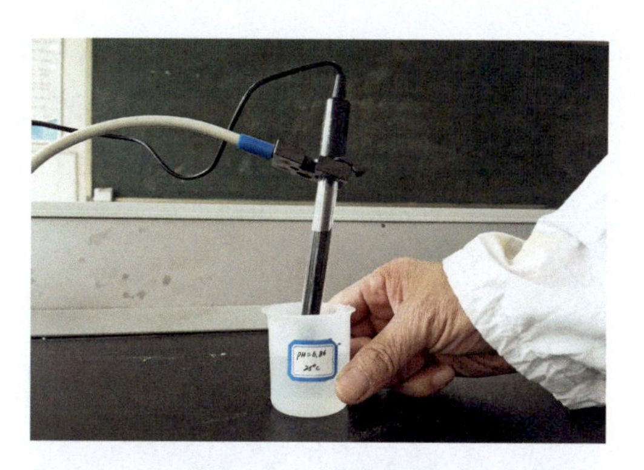

图3-13　轻摇烧杯

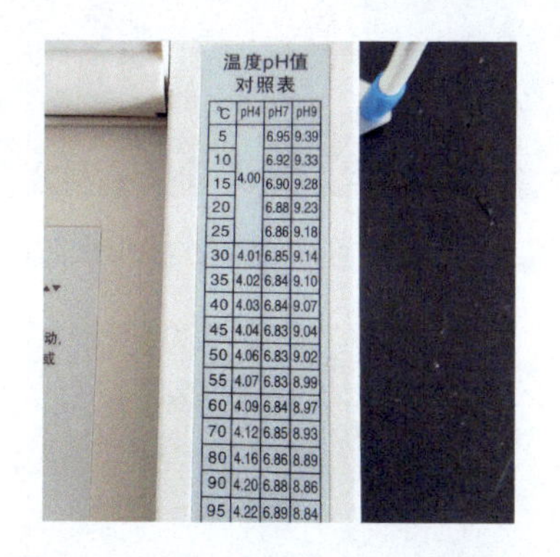

温度pH值对照表

℃	pH4	pH7	pH9
5		6.95	9.39
10		6.92	9.33
15	4.00	6.90	9.28
20		6.88	9.23
25		6.86	9.18
30	4.01	6.85	9.14
35	4.02	6.84	9.10
40	4.03	6.84	9.07
45	4.04	6.83	9.04
50	4.06	6.83	9.02
55	4.07	6.83	8.99
60	4.09	6.84	8.97
70	4.12	6.85	8.93
80	4.16	6.86	8.89
90	4.20	6.88	8.86
95	4.22	6.89	8.84

图3-14　查看“温度和pH对照表”

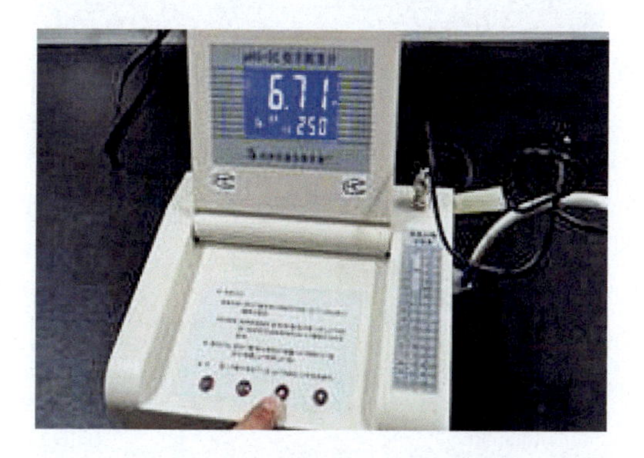

图3-15　按“▲”“▼”调节

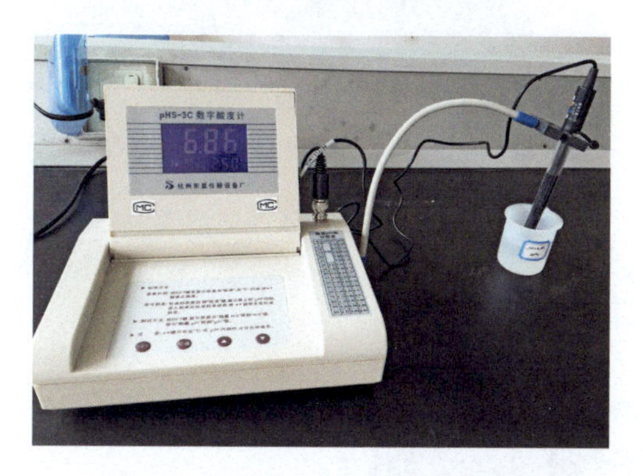

图3-16　直至pH为6.86（25℃）

图3-17　蒸馏水清洗电极

图3-18　用滤纸擦干电极

④ 另取一洁净塑料试杯，用另一种与待测试液A的pH相接近的标准缓冲溶液，（如为酸性，用pH=4.00的标准缓冲溶液）荡洗三次后，倒入50mL左右该标准缓冲溶液，将电极插入溶液中，小心轻摇几下试杯，使电极平衡。按“▲”“▼”，使仪器显示值为此温度下该标准缓冲溶液的pH值。具体操作步骤见图3-19～图3-23。

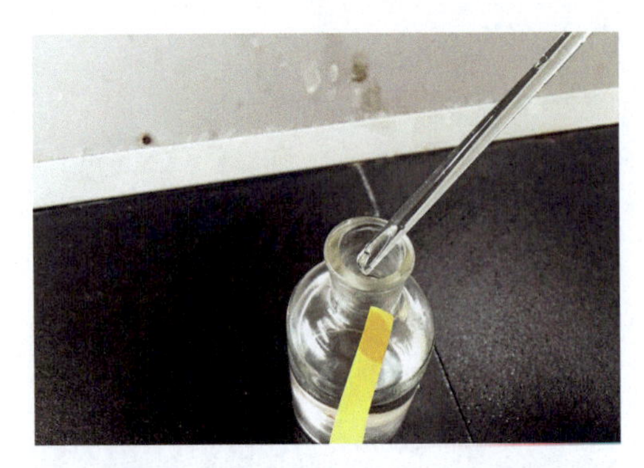
图3-19　用pH试纸测出试液A的pH

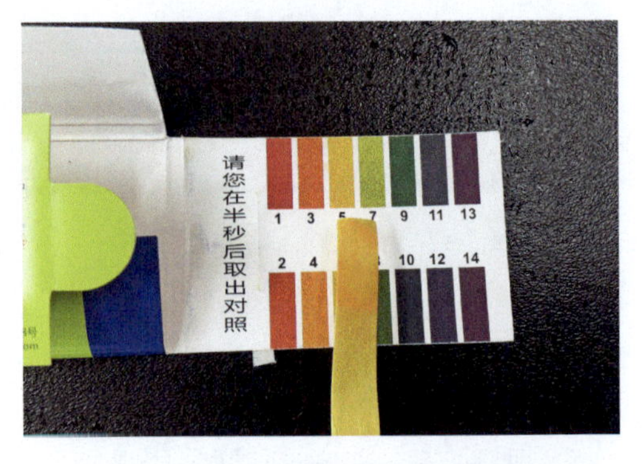

图3-20　与比色卡对照，找出大致pH

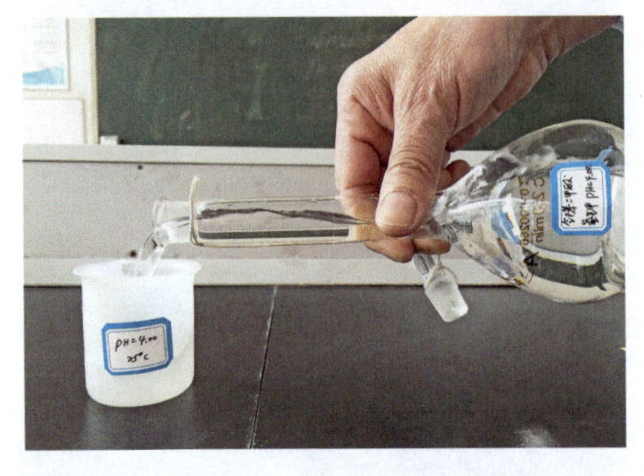

图3-21　润洗后，在试杯中倒入缓冲溶液

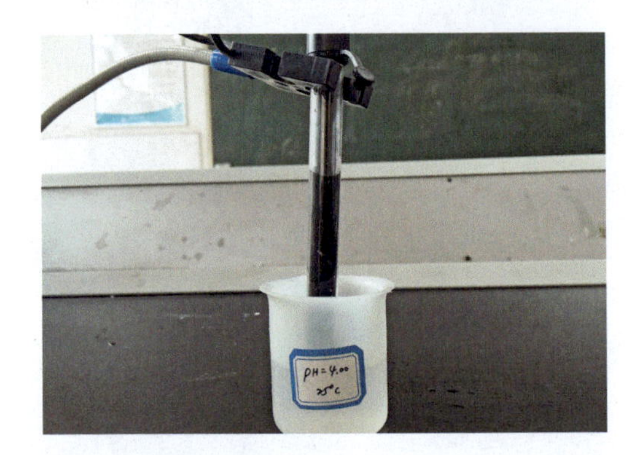

图3-22　电极插入缓冲溶液中

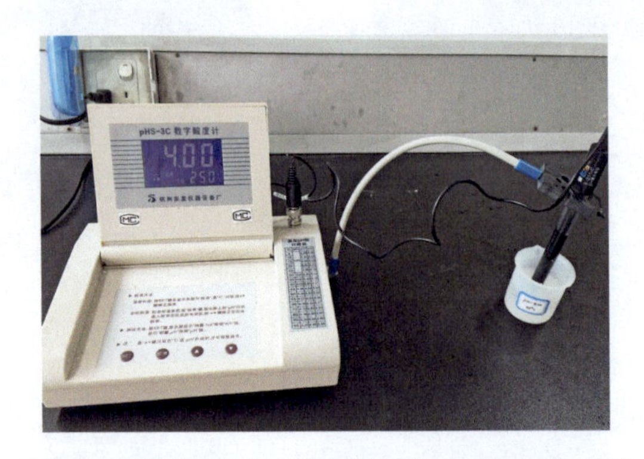

图3-23　振荡后，按“▲”“▼”键，使pH为4.00（25℃）

⑤ 重复②到④步骤，直到酸度计上数字不用调节为止，此时酸度计校正完毕。

（4）测量待测试液的pH　移去标准缓冲溶液，清洗电极，并用滤纸吸干电极外壁水。取一洁净试杯，用温度计测量试液的温度，调节“温度”调节器，使显示的温度为所测得的温度。将电极插入被测试液A中，轻摇试杯以促使电极平衡。待数字显示稳定后读取并记录被测试液的pH。平行测定两次，并记录（见图3-24～图3-26）。

图3-24　蒸馏水清洗电极

图3-25　滤纸擦干电极

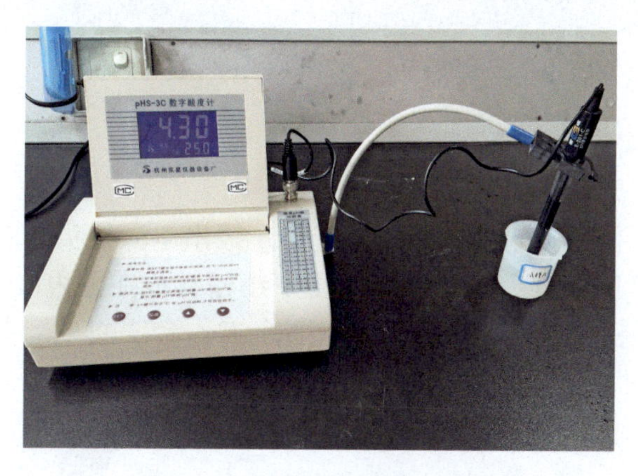

图3-26　平行测定试样A两次

重新校正酸度计，把标准缓冲溶液甲换成标准缓冲溶液丙，按上述步骤测定试样B（碱性），平行测定两次，操作见图3-27～图3-29。

表3-1　数据记录

pH	第一次读数	第二次读数	平均值
试样A的pH			
试样B的pH			

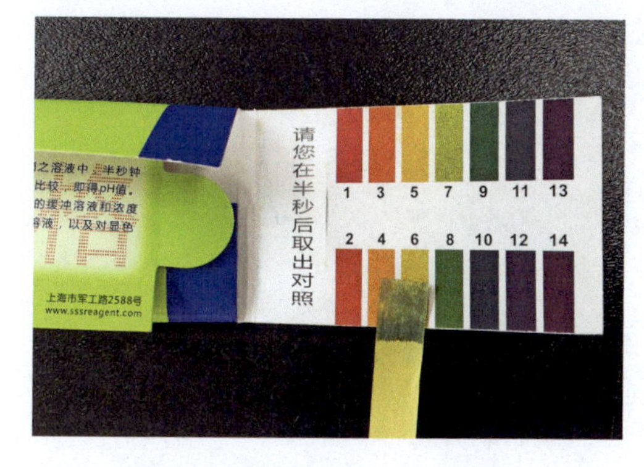

图3-27　试样B大致pH（碱性）

图3-28　缓冲溶液丙代替甲（25℃）

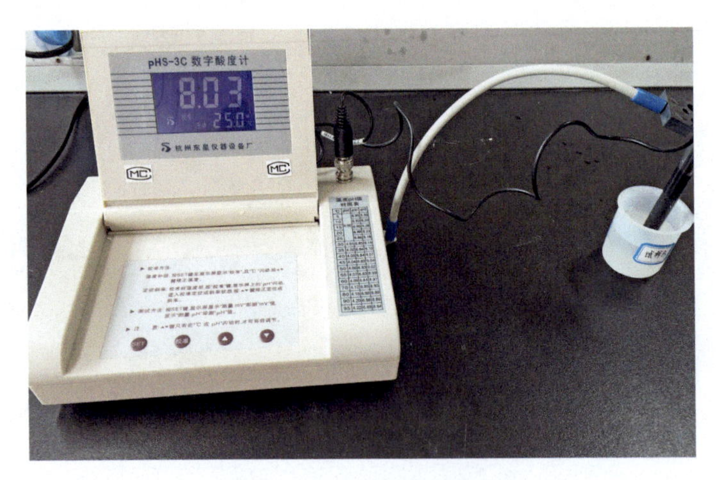

图3-29　测出试样B的pH

2．数据记录与实验结束工作

（1）数据记录　见表3-1。

（2）实验结束工作　关闭酸度计电源开关，拔出电源插头。取出pH复合电极用蒸馏水清洗，再用滤纸吸干外壁水分，套上上下小帽存放在盒内（见图3-30～图3-32）。清洗试杯，晾干后妥善保存。用干净抹布擦净工作台，酸度计装箱，填写仪器使用记录。

图3-30　清洗电极

图3-31　擦干电极

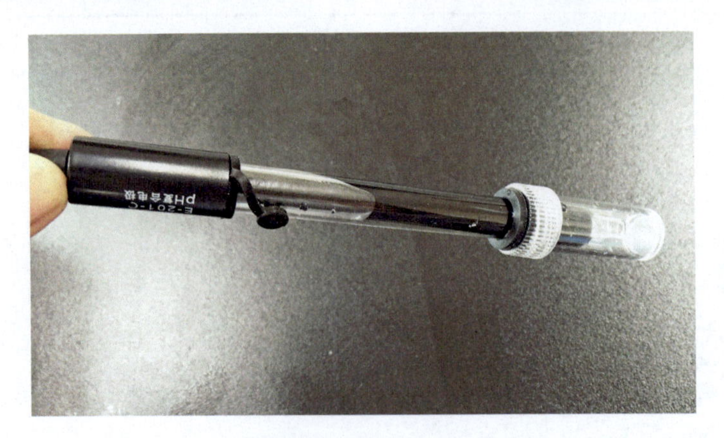

图3-32　套上小帽

知识链接

一、直接电位法测溶液的pH工作原理

直接电位分析是通过测定指示电极的电位，根据电位与待测离子活度之间的定量关系进行定量分析的方法。

电位分析的理论依据为能斯特方程，它表示了电极电位与溶液中对应离子活度之间存在的定量关系。

$$\mathrm{Ox}+ne^{-}=\!=\!=\mathrm{Red}$$

$$\varphi=\varphi^{\ominus}_{\mathrm{Ox/Red}}+\frac{RT}{nF}\ln\frac{a_{\mathrm{Ox}}}{a_{\mathrm{Red}}}$$

式中 φ——可逆电极反应的电动势；

$\varphi^{\ominus}_{\mathrm{Ox/Red}}$——相对于标准氢电极的标准电势；

R——气体常数，8.314J/（K · mol）；

T——热力学温度，K；

n——反应中电子转移数；

F——法拉第常数，96500C/mol；

a_{Ox}、a_{Red}——反应中氧化态和还原态的活度。

pH值概念是1909年提出来的，用以表示溶液中氢离子的浓度，当时定义为

$$\mathrm{pH}=-\lg[\mathrm{H}^{+}]$$

随着电化学理论的发展，发现影响化学反应的因素是离子的活度，而不是浓度，用电位法测得的是溶液中氢离子活度，因此更合理的定义为

$$\mathrm{pH}=-\lg a_{\mathrm{H}^{+}}$$

在精度要求不高的情况下，把pH理解为 $-\lg[\mathrm{H}^{+}]$，也是可以的。根据能斯特方程，pH与电极电位有如下关系

$$\varphi=\varphi^{\ominus}+0.059\lg a_{\mathrm{H}^{+}}=\varphi^{\ominus}-0.059\mathrm{pH}$$

由上式可知，电极电位与溶液pH之间在一定温度下成直线关系。25℃时，溶液pH每改变一个单位，电极电位改变0.059V（59mV），即1pH≈59mV。电极电位与pH值之间具有直线关系，是电位法测溶液pH值的理论依据。

二、指示电极和参比电极的选择原则

电位分析是通过在零电流条件下测定两电极间的电位差（电池电动势）进行的。因此电位分析需用到两个电极——参比电极和指示电极。

1. 参比电极

参比电极的电位与溶液中被测离子的浓度无关，在一定条件下为定值。对参比电极的要求是：①电极电位已知，电位稳定，可逆性好；②重现性好；③装置简单，使用方便，寿命长。常用的参比电极有甘汞电极和银-氯化银电极。

（1）甘汞电极是金属汞和甘汞及KCl溶液组成的电极（见图3-33）。

半电池组成：Hg，Hg_2Cl_2（固）| KCl（溶液）

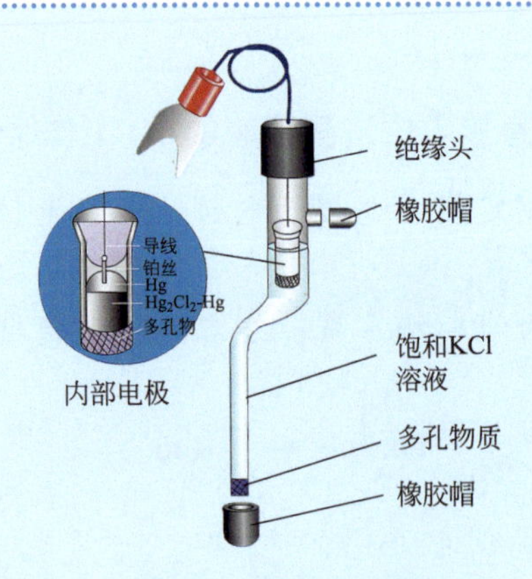

图3-33 饱和甘汞电极

电极反应：$Hg_2Cl_2+2e^- \longrightarrow 2Hg+2Cl^-$

25℃时电极电位 $\varphi_{Hg-Hg_2Cl_2}=\varphi^{\ominus}_{Hg-Hg_2Cl_2}-0.059\lg a_{Cl^-}$

在溶液pH测定时，一般选择饱和甘汞电极做参比电极。

（2）银-氯化银电极主要由银、氯化银及KCl溶液组成（见图3-34）。

半电池组成：Ag，AgCl（固）| KCl（溶液）

电极反应：$AgCl+e^- \longrightarrow Ag+Cl^-$

25℃时电极电位 $\varphi_{Ag-AgCl}=\varphi^{\ominus}_{Ag-AgCl}-0.059\lg a_{Cl^-}$

2. 指示电极

指示电极的电位随被测离子浓度的变化而变化，能测量被测离子的浓度。电位分析中的指示电极有金属-金属离子电极、金属-金属难溶盐电极、惰性金属电极、膜电极等。

本实验所用的就是pH玻璃电极（一种膜电极）（见图3-35）。电极中的玻璃电极膜与试液接触时会产生与待测溶液pH有关的电位。在25℃时，玻璃电极的电位为：

$$\varphi_{玻}=K_{玻}-0.059\text{pH}$$

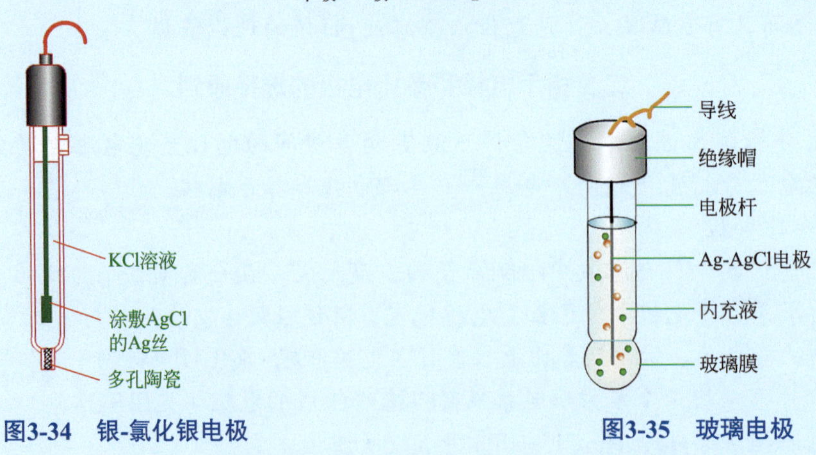

图3-34 银-氯化银电极

图3-35 玻璃电极

● H^+；● Cl^-

任务总结

技能点

- 正确安装酸度计和电极
- 会调节温度、定位按钮
- 能安装和使用pH复合电极
- 正确配制三种标准缓冲溶液
- 能够正确校正酸度计
- 会测定待测溶液的pH值

知识点

- 掌握直接电位法测溶液的pH工作原理
- 了解指示电极和参比电极的选择原则

思考题

（1）常用的参比电极有哪几种？

（2）pH测量过程中，读数前轻摇试杯起何作用？

（3）测定pH值的指示电极是什么？

（4）在25℃时，标准溶液与待测溶液的pH变化一个单位，电池电动势变化多少？

（5）在一定条件下，电极电位恒定的电极称为什么电极？

（6）小组讨论说一说测定废水pH值的操作步骤有哪些？

任务二　氟离子选择性电极测定饮用水中的氟

任务简介

以氟离子选择性电极为指示电极，饱和甘汞电极为参比电极，可测定溶液中氟离子的含量。

工作电池的电动势E，在一定条件下与氟离子的活度a_{F^-}的对数值成直线关系，测定时若指示电极接正极，则$E=K-0.059\lg a_{F^-}$（25℃）。当溶液的总离子强度不变时，上式可写成$E=K-0.059\lg c_{F^-}$，因此在一定条件下，电池电动势与试液中的氟离子浓度的对数成直线关系，可用标准曲线法进行测定。

温度、溶液pH、离子强度、共存离子均会影响测定的准确度。因此为了保证测定的准确度，需向标准溶液和待测溶液中加入TISAB（总离子强度调节缓冲溶液），以使溶液中离子平均系数保持定值，并控制溶液的pH和消除共存离子干扰。

任务目标

（1）学习直接电位法测定水中氟离子浓度的方法（标准曲线法）。

（2）学会配制总离子强度调节缓冲溶液。

（3）进一步学习pHS-3C酸度计的使用方法。

任务准备

试剂与仪器

1. 试剂

（1）100μg/mL氟标准储备液　准确称取120℃下烘干并冷却的NaF0.2210g，溶于去离子水中，转入1000mL容量瓶中，稀释至刻度，储于聚乙烯瓶中。

（2）总离子强度调节缓冲溶液（TISAB）　于1000mL烧杯中加入500mL去离子水和57mL冰乙酸、58g$NaCl$、12g$Na_3C_6H_5O_7\cdot 2H_2O$（柠檬酸钠），搅拌至溶解。将烧杯放在冷水浴中，缓慢加入6mol/L$NaOH$溶液（约125mL)，直至pH值到5.0～5.5之间，放至室温，转入1000mL容量瓶中，用去离子水稀释至刻度。

（3）含氟自来水样（约1~3μg/mL）。

2. 仪器

pHS-3C酸度计（1台）、232型甘汞电极（1支）、201型氟离子选择性电极（1支）、电磁搅拌器（含磁子）（1台）、50mL容量瓶（7只）、温度计（1支）、100mL塑料烧杯（1只）。

内　容

1．氟离子选择性电极测定饮用水中的氟实验过程

（1）氟电极的准备　电极（见图3-36）使用前，先置于10^{-3}mol/L NaF溶液中浸泡1～2h（见图3-37），进行活化，再用去离子水清洗电极到空白电位。

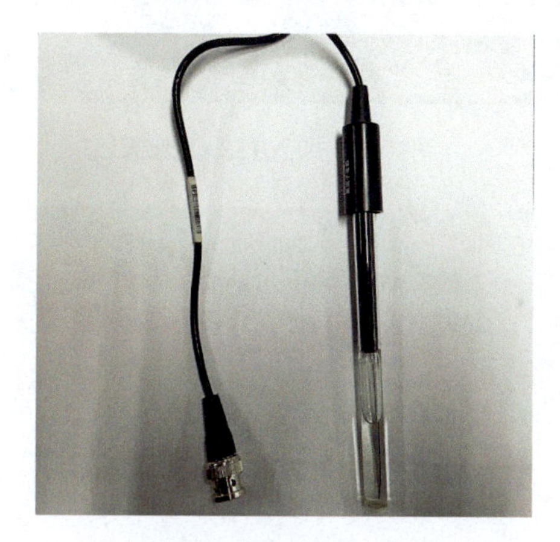
图3-36　氟电极

图3-37　氟电极的浸泡

（2）10.0μg/mL氟标准溶液的配制　吸取100μg/mL氟标准储备液10.00mL于100mL容量瓶中，用去离子水稀释至刻度（见图3-38）。

图3-38　氟标准溶液的配制

（3）标准系列配制　准确吸取10.0μg/mL的氟标准溶液0.00mL、2.00mL、4.00mL、6.00mL、8.00mL、10.00mL及含氟自来水样25.00mL，分别放入7个50mL容量瓶中，各加入TISAB溶液10mL，用去离子水稀释到刻度，摇匀（见图3-39～图3-41）。

（4）电位的测量　接通电源，预热20min，装入甘汞电极和氟电极，将上述配制好的标准系列溶液由低浓度到高浓度依次转入塑料烧杯中，放入磁子，电磁搅拌2min，静止1min，待电位稳定后读数并记录（见图3-42～图3-44）。注意每测完一次均要用去离子水清洗至原空白电位。

图3-39　吸取氟标准溶液

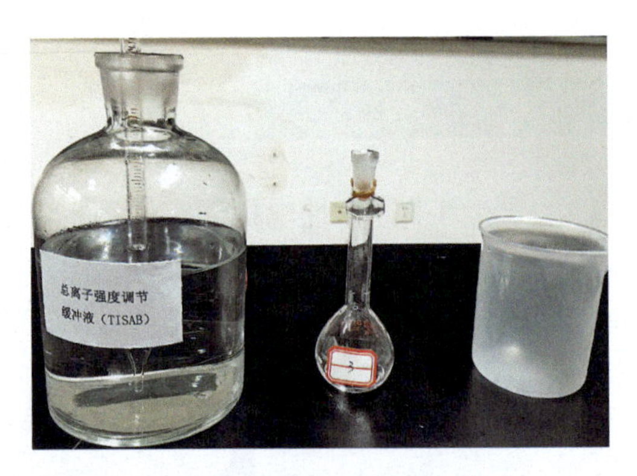

图3-40　加入TISAB溶液

图3-41　标准系列溶液的配制

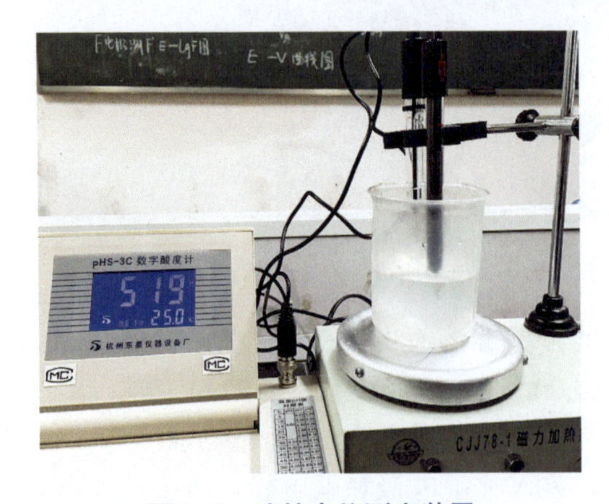

图3-42　连接电位测定装置

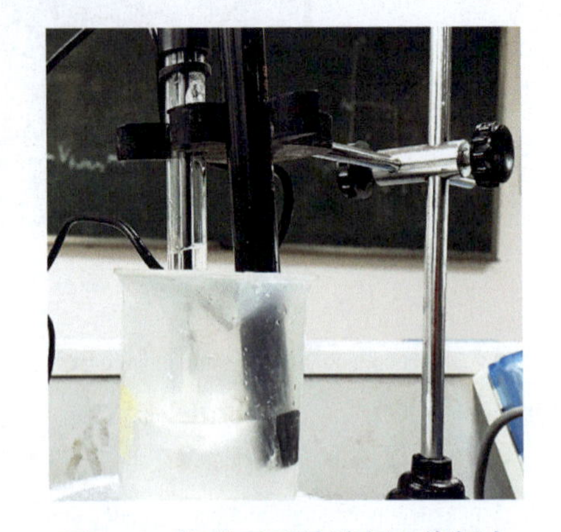

图3-43　标准系列溶液倒入烧杯中

（5）测量结束，用蒸馏水清洗电极数次，直至接近空白电位，晾干后收入电极盒中保存。关闭仪器，整理工作台，罩上防护罩，填好仪器记录。

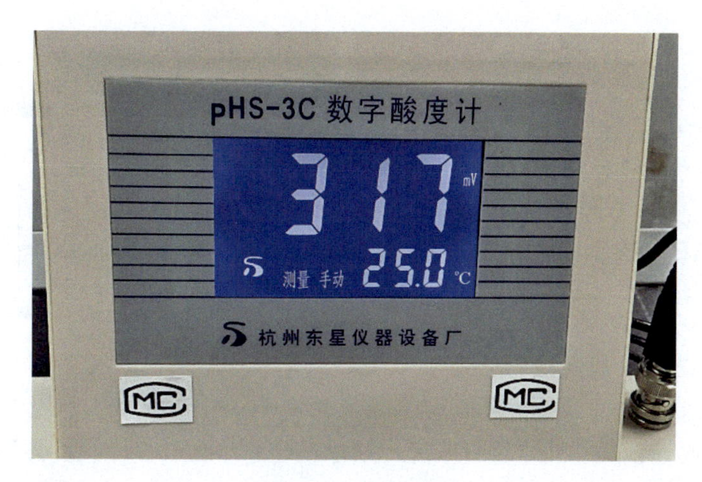

图3-44　记录数据

2. 数据记录及处理

测量数据记录于表3-2中。

表3-2　数据记录

氟标液/mL	0.00	2.00	4.00	6.00	8.00	10.00	含氟自来水样25mL
E/mV							

以电位值E为纵坐标，氟离子浓度的负对数为横坐标（氟标液0.00mL那只除外）绘制标准曲线，根据待测水样的电位值E_x，从标准曲线上查出氟离子浓度的负对数值，从而求出含氟自来水样的原始浓度。

3. 注意事项

（1）测量时浓度应由稀到浓，每次测定前要用被测试液清洗电极、烧杯及磁子。

（2）绘制标准曲线时，测定一系列标液后，应将电位清洗至原空白电位值，然后再测定含氟自来水样的电位值。

知识链接

一、离子选择性电极

离子选择性电极是一类具有薄膜的电极。其电极薄膜具有一定的膜电位，膜电位的大小就可指示出溶液中某种离子的活度，从而可用来测定这种离子。离子选择性电极的优点：

（1）电极构造简单，测定时不需要复杂仪器，且操作简便。

（2）灵敏度高，适用的浓度范围广，一般可达到相差几个数量级。如氟电极，它可用于测定的浓度范围为10^{-6} ~ 10^{-1}mol/L。

（3）选择性好：用离子选择性电极进行测定时的干扰是比较少的。特别是它对测定环境的要求较低，有利于测定的进行。

常见的离子选择性电极如氟电极，见图3-45。

氟离子选择电极的敏感膜是掺EuF_2的氟化镧单晶膜，内参比电极为银-氯化银电极。内参比溶液为0.1mol/L NaF和0.1mol/L NaCl混合溶液。

25℃时，电极电位为：$E=K-0.059\lg a_{F^-}$。当溶液中加入TISAB溶液后可描述为$E=K-0.059\lg c_{F^-}$。

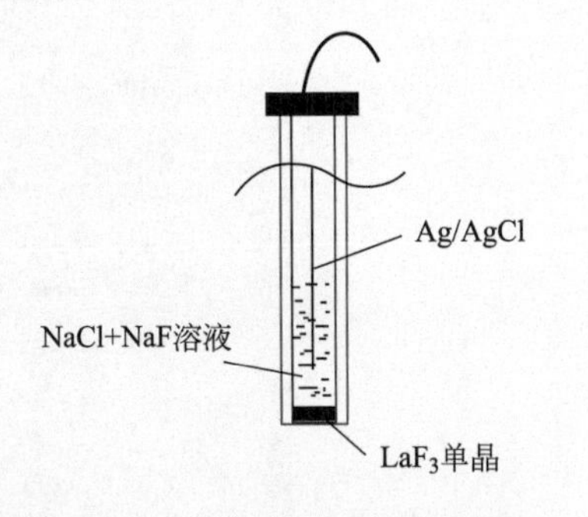

图3-45 氟电极结构示意图

二、定量方法

由于离子选择电极反映的是离子活度，但日常工作中需要测定浓度，为此，要求标准溶液的离子强度与试液的离子强度相同，这样就可以用浓度代替活度进行计算。具体办法有两个。

（1）固定离子溶液的本底 将标准溶液配成与试液的本底相同。例如测定海水中的K^+，在配制钾标准溶液时，先用人工合成与海水相似的溶液，然后加入标准钾盐物质。

（2）加入离子强度调节剂 为了使试液和标准溶液总离子强度一致，可在标准溶液和试液中同时加入离子强度调节剂（ISAB），或总离子强度调节缓冲溶液（TISAB)。例如氟离子选择电极测定氟，使用总离子强度调节缓冲溶液，其溶液的组成为：1.0mol/LNaCl、0.25mol/LHAc、0.75mol/LNaAc及0.001mol/L柠檬酸钠，使总离子强度等于1.75，pH=5.0，柠檬酸钠还可消除Fe^{3+}、Al^{3+}的干扰。

标准曲线法：将离子选择性电极与甘汞电极分别插入一系列已知浓度的标准溶液中，依次测出电池电动势，绘制E-lg$c$曲线；在相同条件下测定试样溶液的电动势，并从标准曲线上求出待测离子浓度。

【例3-1】 低氟含量水样的测定及计算。取标准氟溶液（10μg/mL）2.00mL、4.00mL、6.00mL、8.00mL、10.00mL及待测水溶液20.00mL，分别加入50mL容量瓶中，加入TISAB溶液10mL，用蒸馏水稀释至刻度，倒入6只已洗净、烘干了的小烧杯中，在电磁搅拌下，测得其电位值E分别为293mV、276mV、267mV、259mV、254mV及E_x272mV，求F^-的质量浓度。

解 使用普通坐标纸作E-lg$m$工作曲线（见图3-46）

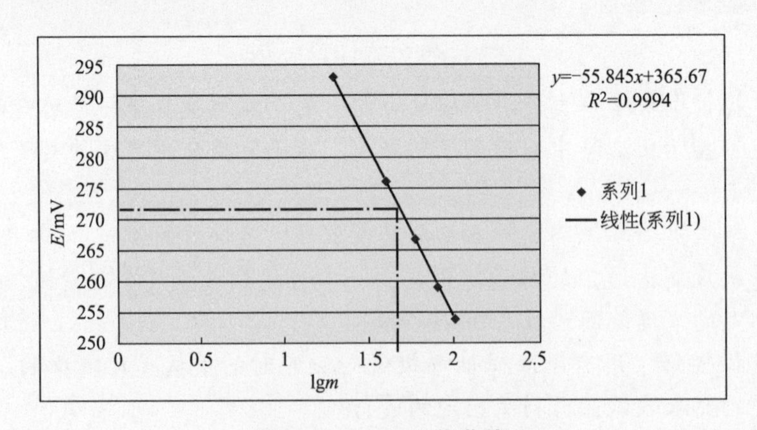

图3-46 E-lg$m$工作曲线

根据所取标准溶液的体积2.00mL、4.00mL、6.00mL、8.00mL、10.00mL及氟标准溶液的浓度10μg/mL，可得m值为20.0μg、40.0μg、60.0μg、80.0μg、100.0μg，取其对数值：lg$m$为1.301、1.602、1.778、1.903、2.000。

作E-lg$m$曲线，从工作曲线上可查得

$$\lg m_x = 1.68$$

按工程计算器或查反对数表可知

$$m_x = 47.8\mu g$$

$$c_F = \frac{47.8}{20.00} = 2.39\ (\mu g/mL) = 2.39\ (mg/L)$$

任务总结

技能点

- 能正确安装和使用酸度计、电极、电磁搅拌器
- 能正确配制总离子强度调节缓冲溶液
- 进一步学习pHS-3C酸度计
- 会测定水中氟离子的浓度

知识点

- 了解氟离子选择性电极
- 掌握标准曲线法
- 了解离子强度调节剂

思考题

（1）为什么要加入总离子强度调节缓冲溶液？

（2）在测量前氟电极应如何处理？达到什么要求？

（3）什么是离子选择性电极？

（4）测定过程中用到几支电极，分别起什么作用？

（5）本实验中，总离子强度调节缓冲溶液由哪些药品配成？

任务三　重铬酸钾电位滴定法测定亚铁离子含量

任务简介

重铬酸钾溶液滴定 Fe^{2+} 的反应为

$$Cr_2O_7^{2-}+6Fe^{2+}+14H^+ \xlongequal{} 2Cr^{3+}+6Fe^{3+}+7H_2O$$

两个电对的氧化型和还原型都是离子，这类氧化还原滴定可用惰性金属铂电极作指示电极，饱和甘汞电极作参比电极组成原电池。在滴定过程中，由于滴定剂 $Cr_2O_7^{2-}$ 的加入，待测离子氧化态 Fe^{3+} 和还原态 Fe^{2+} 的活度（或浓度）比值发生变化，铂电极的电位亦发生变化，在化学计量点附近产生电位突跃，可用作图法和二阶微商计算法确定终点。

任务目标

（1）学习利用酸度计进行电位滴定的方法和操作技术。

（2）掌握电位滴定分析确定滴定终点的计算方法。

（3）进一步熟悉酸度计的使用方法。

任务准备

试剂与仪器

1．试剂

（1）0.0167mol/L 重铬酸钾标准溶液　准确称取 4.9032g 在 120℃干燥过的 $K_2Cr_2O_7$，溶于蒸馏水中，转移到 1000mL 容量瓶中，稀释至刻度。

（2）硫酸和磷酸混合酸（1+1）。

（3）亚铁离子水样。

2．仪器

pHS-3C 酸度计（1 台）、213 型铂电极（1 支）、232 型甘汞电极（1 支）、电磁搅拌器（1 只）、50mL 酸式滴定管（1 支）、200 mL 烧杯（1 只）。

内　容

1．实验过程

（1）电极处理　金属电极在放置或使用一段时间后，敏感元件表面可能被氧化或沾污，可使用细砂纸（表面无肉眼可见的颗粒）对测量端的金属表面进行抛光处理，使电极保持清洁光亮。铂电极见图 3-47、甘汞电极见图 3-48。

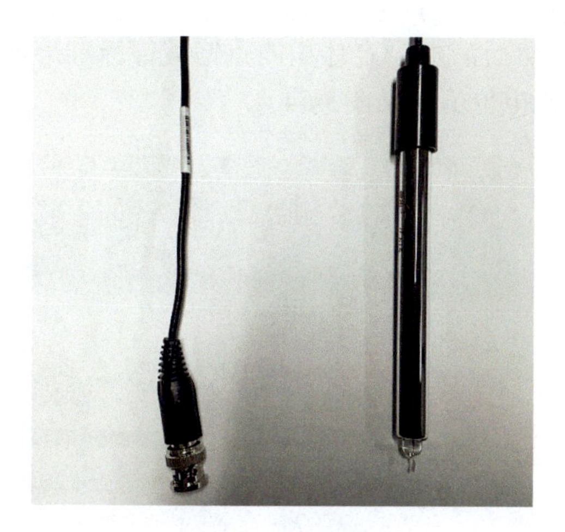

图3-47　铂电极

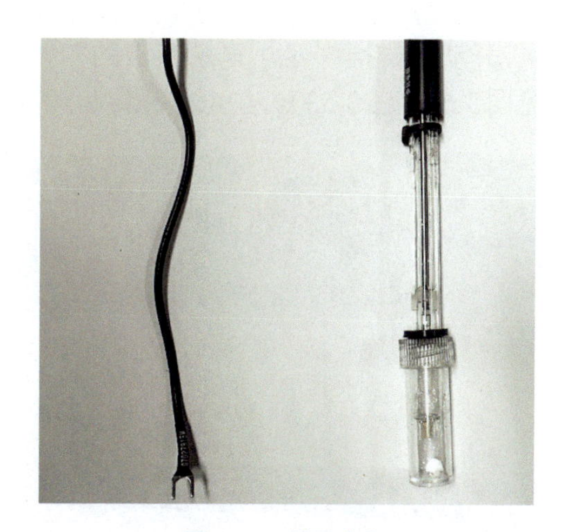

图3-48　甘汞电极

（2）样品测定　将一只加入25.00mL亚铁离子（见图3-49）的样品溶液、10.00mL混合酸（见图3-50）并稀释至100 mL的烧杯，放置于搅拌台上，将铂-甘汞电极对浸入溶液，放入一只铁芯搅拌子，然后使铂-甘汞电极对与酸度计正确连接（见图3-51）。

图3-49　移取25.00 mLFe^{2+}样品溶液

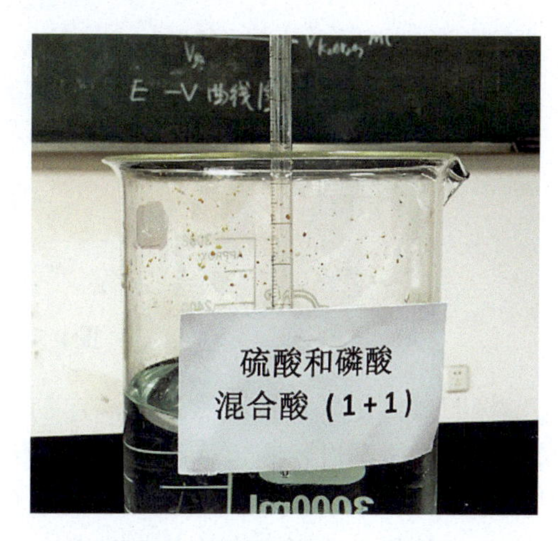

图3-50　移取10.00 mL混合酸

图3-51　铂-甘汞电极对与酸度计正确连接

开动电磁搅拌器，记录溶液的初始电位，然后滴加一定体积的重铬酸钾标准溶液（见图3-52、图3-53），待电位稳定后读取并记录电位值（见图3-54）。

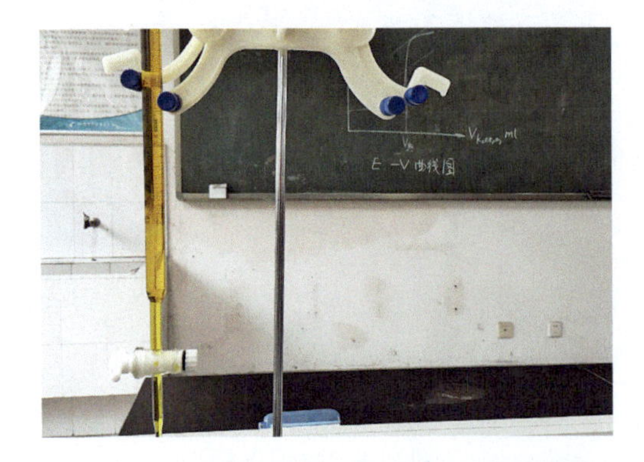

图3-52 重铬酸钾标准溶液放入滴定管中

图3-53 滴加重铬酸钾标准溶液

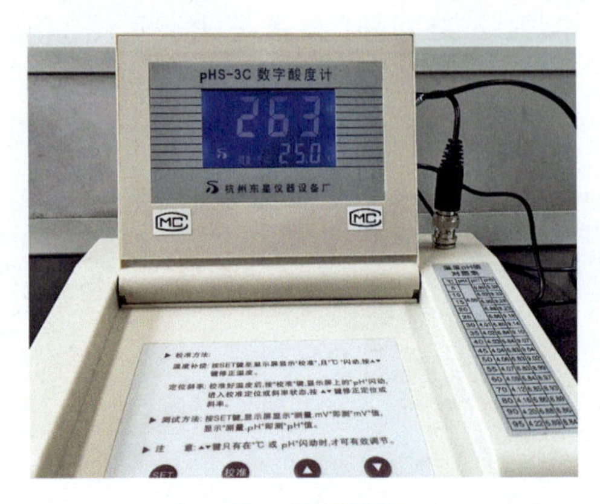

图3-54 记录初始电位

按照“离化学计量点愈远，滴定剂加入量可较多；离化学计量点愈近，滴定剂加入量要少”的原则进行滴定。所以，在离化学计量点尚远时，每次可加入滴定剂2～3mL，甚至更多，记录每次电位值读数；随着化学计量点的接近，滴定剂加入量要逐渐减少；而在化学计量点附近，电位的变化很大，每次只能加入滴定剂0.1mL（或0.05mL，视终点体积的大小而定），记录每一次电位值读数；化学计量点后，滴定剂每次加入量可逐渐增加，记录相应的电位值。滴定至电位变化不大为止。操作步骤见图3-55～图3-57。

图3-55 加入滴定剂

图3-56 读取滴加体积

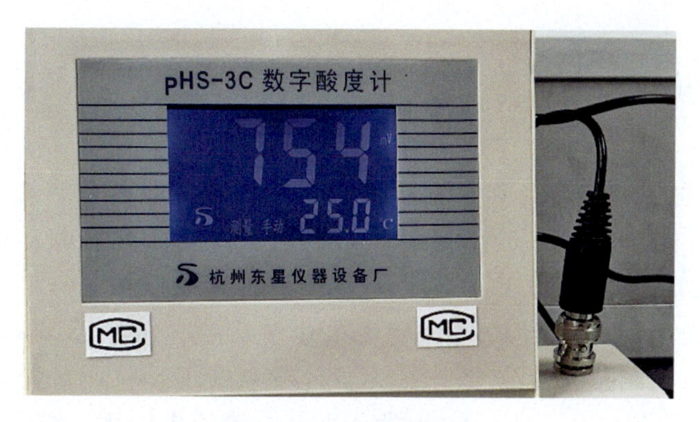

图3-57　记录电位值

2. 实验记录及数据处理

（1）按表3-3格式记录并计算（滴定终点体积在25.00mL左右，可按下列格式）。

表3-3　数据记录

$V_{滴定剂}$/mL	E/mV	$V_{平均}$/mL	$\Delta E/\Delta V$
0.00			
10.00			
15.00			
20.00			
22.00			
24.00			
24.50			
24.70			
24.80			
24.90			
25.00			
25.10			
25.20			
25.30			
25.50			
27.00			
30.00			

（2）绘制$E-V$曲线、$\Delta E/\Delta V-V_{平均}$曲线，分别确定终点。

（3）求出待测样品中Fe^{2+}的浓度。

根据电子得失相等原则

$$c_{Fe^{2+}}V_{Fe^{2+}}=6c_{K_2Cr_2O_7}V_{K_2Cr_2O_7终}$$

$$c_{Fe^{2+}}\times 25.00=6\times 0.0167V_{K_2Cr_2O_7终}$$

可求出待测样品中Fe^{2+}的浓度$c_{Fe^{2+}}$。

知识链接

一、电位滴定法的基本原理

电位滴定法是利用滴定过程中指示电极电位的突跃来确定滴定终点的一种电化学滴定分析法。电位滴定法和普通滴定法的区别仅在于终点指示的方法不同。进行电位滴定时，在滴定液中插入指示电极和参比电极，组成一个原电池，随着滴定液的加入，由于滴定液与被测物质发生化学反应，被测物质的浓度不断变化，指示电极的电位也相应发生变化。在化学计量点附近，被测物质的浓度发生突跃而使指示电极的电位突跃。因此，测量电池电动势的变化就能确定滴定终点。

电位滴定分析与容量分析确定终点的方法不同，容量分析根据指示剂颜色的变化来确定终点，电位滴定根据电位的突跃来确定终点。电位滴定分析与容量分析相比，虽需要一定的仪器设备，不如容量分析简便，但存在以下优点：

（1）可用于有色溶液和浑浊溶液的滴定。

（2）可用于缺乏合适指示剂的非水滴定。

（3）能进行连续滴定和自动滴定。

（4）能进行微量分析和超微量分析。

二、电位滴定法的仪器装置

电位滴定法的基本仪器装置如图3-58，包括滴定管、指示电极、参比电极、电磁搅拌器和电子电位计。

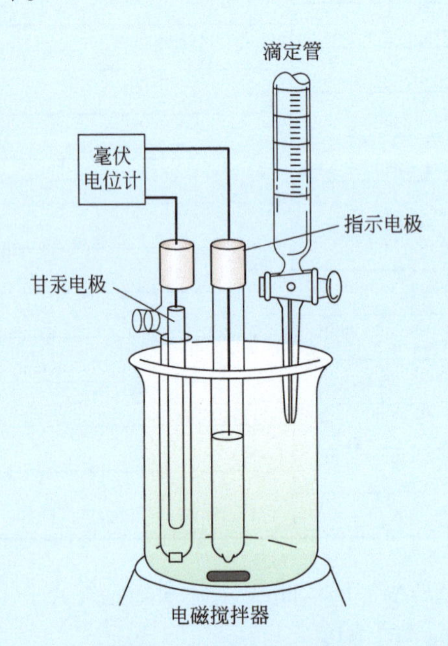

图3-58　电位滴定装置

进行电位滴定时，首先选择适当的指示电极和参比电极，组装好仪器，将滴定液装入滴定管，调好零点，准确装入定量待测溶液，插入电极，开启电磁搅拌器和电子电位计，读取初始电位，然后开始滴定。在滴定过程中每加一次滴定液，即可测量一次电位。滴定初期，滴定速度可适当快一些，在滴定终点附近，因滴定液体积的很小变化，都将引起指示电极电位的很大变化而发生电位突跃，所以应放慢滴定速度。终点过后，滴定速度又可适当加快，直到超过终点适当值后停止滴定。这样就得到一系列滴定液体积和相应电位的数据。根据这组数据就可以确定滴定终点。

三、滴定终点的确定方法

电位滴定终点的确定方法通常有以下两种。

1. *E-V*曲线法

现以0.1mol/L $AgNO_3$滴定氯离子为例，具体数据见表3-4，用滴定液体积V为横坐标，电位计读数E（电极电位或电池电动势）为纵坐标作图，曲线的转折点（拐点）即为滴定的终点。曲线的拐点：作与横轴成45° 夹角并与曲线相切的2条平行线，2条平行线间的等分线与滴定曲线的交点就是曲线的拐点（如图3-59）。

表3-4　数据记录

加入$AgNO_3$体积/mL	电位E/mV	$V_{平均}$/mL	（$\Delta E/\Delta V$）/（mV/mL）
15.00	85		
		17.50	4.4
20.00	107		
		21.00	8
22.00	123		
		22.50	15
23.00	138		
		23.25	16
23.50	146		
		23.65	50
23.80	161		
		23.90	65
24.00	174		
		24.05	90
24.10	183		
		24.15	110
24.20	194		
		24.25	390
24.30	233		
		24.35	830
24.40	316		
		24.45	240
24.50	340		
		24.55	110
24.60	351		
		24.65	70
24.70	358		
		24.85	50
25.00	373		
		25.25	24
25.50	385		

2. $\Delta E/\Delta V$-$V_{平均}$曲线法

用表3-4中的$\Delta E/\Delta V$（即相邻两次的电位差和加入滴定液的体积差之比）对平均体积$V_{平均}$作图，曲线的最高点即为滴定的终点，如图3-60。

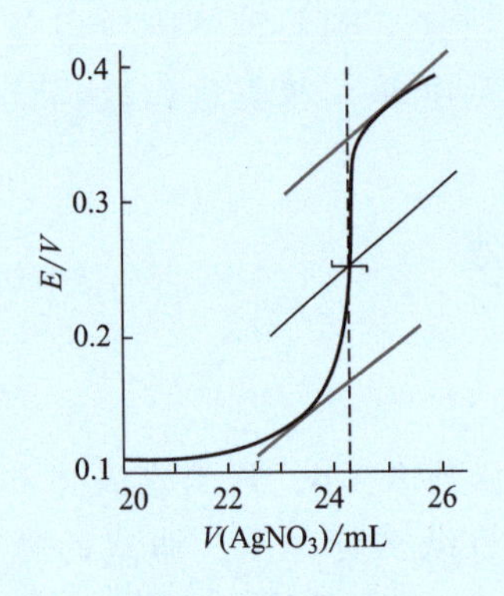

图3-59 E-V曲线

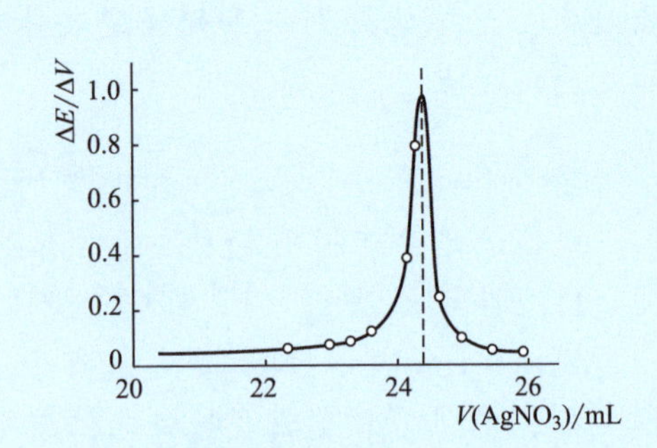

图3-60 $\Delta E/\Delta V$-$V_{平均}$曲线

四、电位滴定法的应用

电位滴定法不仅用于酸碱滴定、沉淀滴定、氧化还原滴定和配位滴定，还可用于非水溶液的滴定。

1. 酸碱滴定

在酸碱滴定中，溶液pH发生变化，所以常用玻璃电极作指示电极，以饱和甘汞电极为参比电极。

2. 沉淀滴定

在沉淀滴定中，应根据不同的滴定反应选择合适的指示电极。沉淀滴定常用的滴定液是硝酸银，则可用银电极作指示电极，饱和甘汞电极作参比电极。

3. 氧化还原滴定

在氧化还原滴定中，一般用铂电极作指示电极，饱和甘汞电极作参比电极。

4. 配位滴定

在以EDTA为代表的配位滴定中，通常选择被测组分离子选择性电极作为EDTA滴定的指示电极。

任务总结

技能点	知识点
➤ 学会搭建电位滴定装置	➤ 掌握电位滴定法的基本原理
➤ 掌握电位滴定法的实验技术	➤ 电位滴定终点的确定方法
➤ 进一步巩固酸度计的使用	

思考题

（1）为什么开始滴定和离化学计量点较远处，每次可加入较多的滴定剂，而在化学计量点附近，每次加入量应尽可能少一些？

（2）电位滴定法的仪器装置由哪些部分组成？

（3）电位滴定法与普通滴定法的区别是什么？

（4）电位滴定终点的确定方法有哪两种？

（5）一般在氧化还原滴定中，用什么作指示电极和参比电极？

项目四 气相色谱、液相色谱分析技术

项目导入

色谱法是一种分离分析技术，它利用混合物中各物质在两相间分配系数的差别，当溶质在两相间作相对移动时，各物质在两相间进行多次分配，从而使各组分得到分离。

根据流动相物态的不同，色谱法可分为：

（1）气相色谱法　以气体为流动相的色谱分析法。

（2）液相色谱法　以液体为流动相的色谱分析法。

色谱分离分析技术具有选择性好、分离效能高、灵敏度高、分析速度快等优点。不足之处是对未知物不易确切定性。

学习目标

（1）能用色谱法进行定性、定量分析。

（2）能操作使用山东金普GC2010气相色谱仪、大连依利特液相色谱仪。

（3）能熟练掌握面积归一法、外标法等定量分析方法。

（4）能在实验中采取必要的安全防护措施，注意保护环境。

（5）在实验过程中培养学生严谨的科学态度，激发学生的学习热情。

工作任务

（1）气相色谱仪的认识。

（2）面积归一法测定乙醇、正丙醇、正丁醇混合物含量。

（3）可乐中咖啡因含量的测定。

任务活动过程

任务一　气相色谱仪的认识

任务简介

气相色谱分析是基于被测组分在两相之间的分配，这两相中一个是表面积很大的固定相，另一个是载送被测组分前进的流动相气体，由于样品中的不同物质在两相中具有不同的分配系数，当两相作相对运动时，这些物质随流动相运动，并且在两相中进行反复多次的分配，使那些分配系数只有微小差异的物质，在移动的速度上产生很大的差别，从而达到相互分离，并可进行定性、定量。能完成这种分离的仪器称为气相色谱仪。

任务目标

（1）认识气相色谱仪的各个组成部分。

（2）气体检漏。

（3）认识色谱峰。

任务准备

试剂与仪器

1. 试剂

色谱纯乙醇（1瓶）、色谱纯正丙醇（1瓶）、色谱纯正丁醇（1瓶）、乙醇、正丙醇、正丁醇混合样（1瓶）。

2. 仪器

山东金普GC2010气相色谱仪（1台）、色谱柱（毛细管OV-17）（1根）、1μL微量注射器（1支）。

内　容

实验过程如下。

（1）打开N_2钢瓶总阀，使其分表达0.5MPa，打开气相色谱仪柱头压阀，调至0.07MPa，补充气调至0.05MPa（见图4-1～图4-5）。

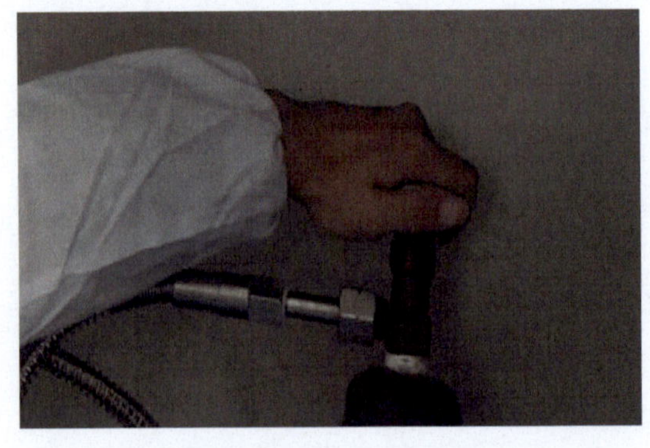

图4-1　打开N_2钢瓶总阀

（2）打开仪器电源开关，按“温度设

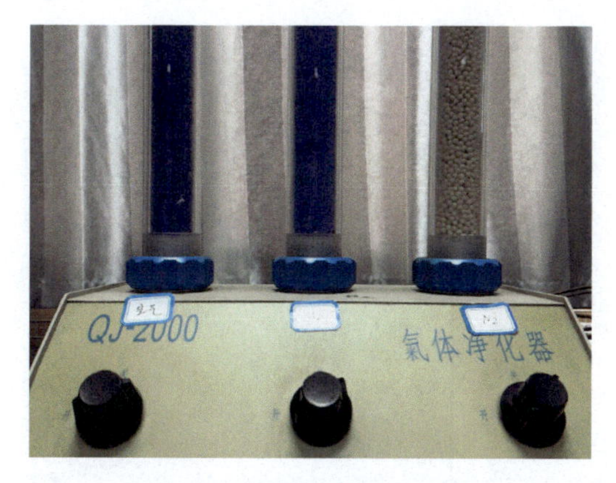

图4-2　打开净化器氮气阀

图4-3　柱头压0.07MPa，补充气0.05MPa

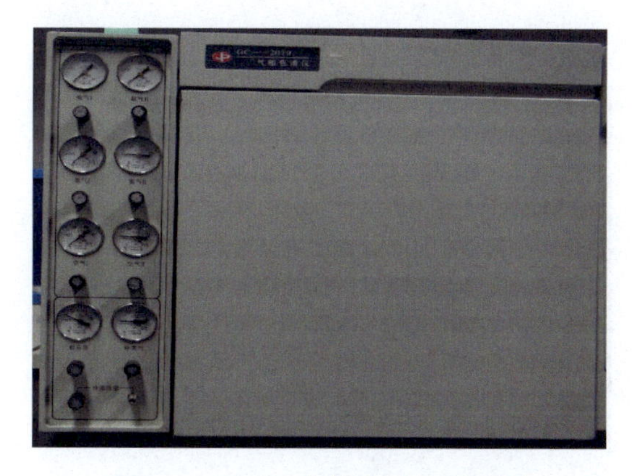

图4-4　GC2010气相色谱仪正面板

图4-5　毛细管柱图

定”键，按要求设置柱室、氢焰、汽化室温度，可按“送数”切换设置（柱室=75℃，送数；氢焰=230℃，送数；汽化=230℃，送数）。设定完后，按“运行”键，此时，仪器按设定温度升温，“加热”指示灯亮。可按“显示”键显示当前温度。当温度升到设定温度时，恒温指示灯亮，此时，仪器处于恒温状态（见图4-6～图4-11）。

图4-6　打开仪器开关

图4-7　按“温度设定”键

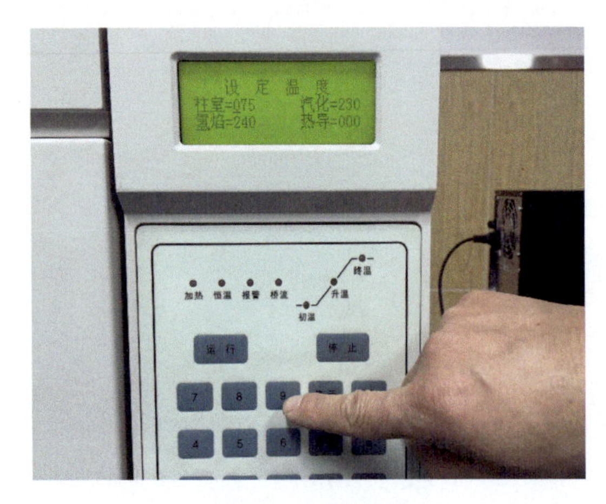

图4-8 设置温度

图4-9 按“送数”

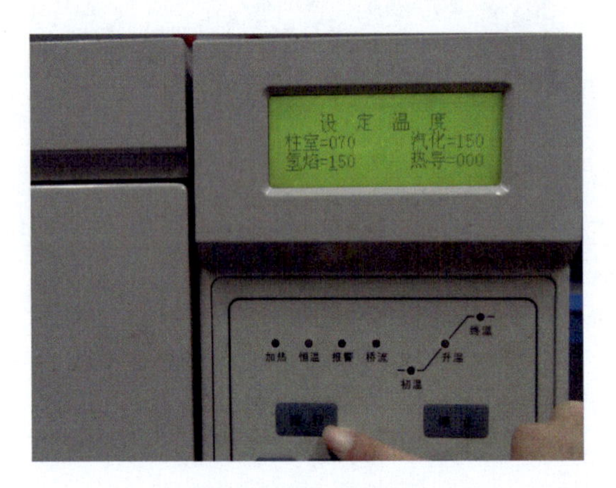

图4-10 按“运行”

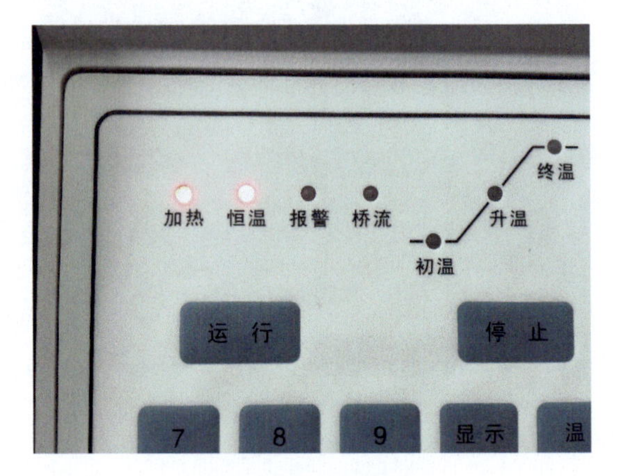

图4-11 恒温灯亮

（3）打开电脑，打开N2000色谱在线工作站，打开通道1（见图4-12、图4-13）。点“实验信息”，输入标题、姓名、单位、简介（面积归一法）；点“方法”，文件保存方式为手动，点“积分”，选择“面积”“归一法”后，点“采用”；点“数据采集”，选择

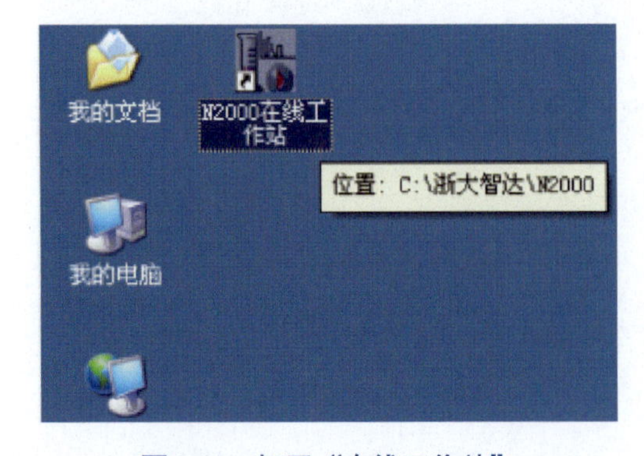

图4-12 打开“在线工作站”

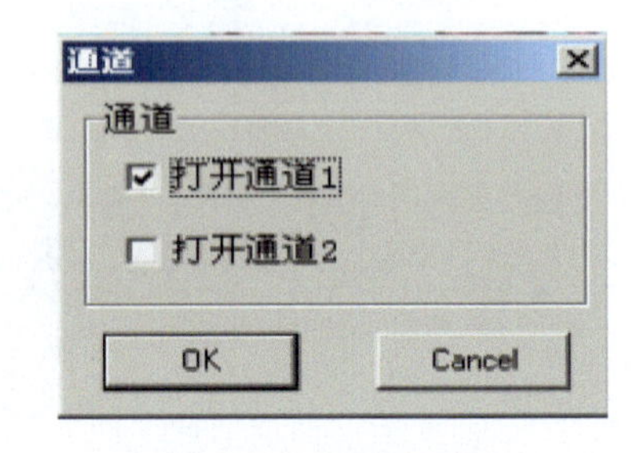

图4-13 打开通道1

“最大化”，查看基线（见图4-14～图4-18）。

（4）打开空气钢瓶总阀（步骤如打开N_2钢瓶总阀），使其分表达0.5MPa，打开气相色谱仪器空气Ⅱ阀，调至0.05MPa（见图4-19）。同理打开H_2钢瓶总阀，使其分表达0.5MPa，打开气相色谱仪氢气Ⅱ阀，调至0.05MPa（见图4-20）。

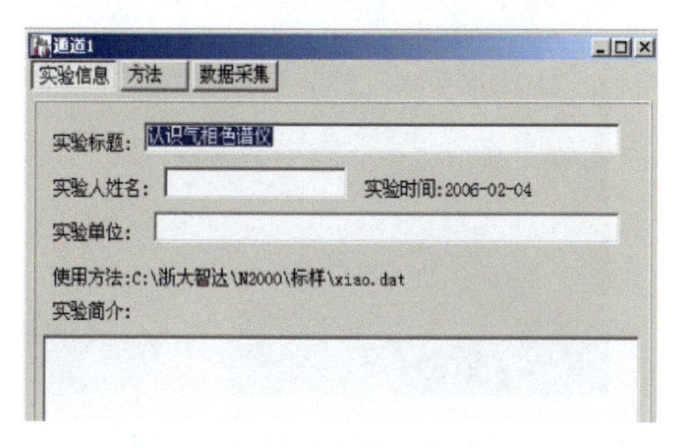

图4-14　点“实验信息”，输入相关信息

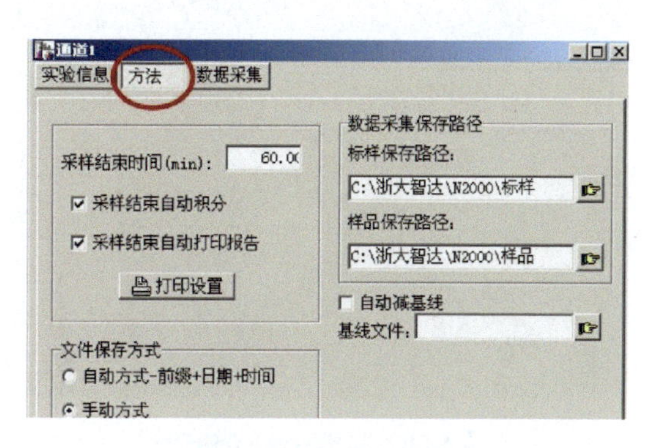

图4-15　点“方法”

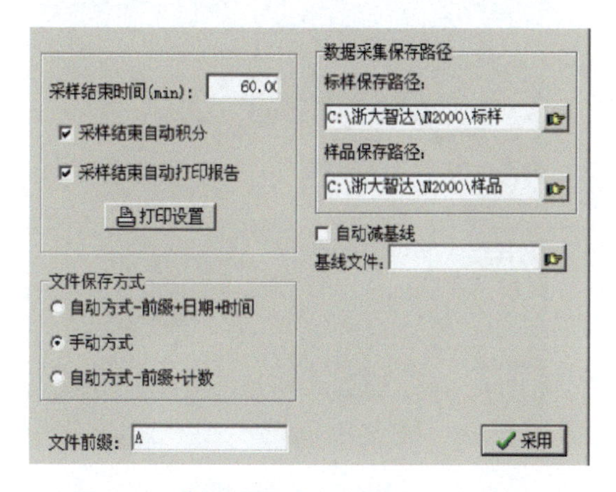

图4-16　选择“手动方式”后，“采用”

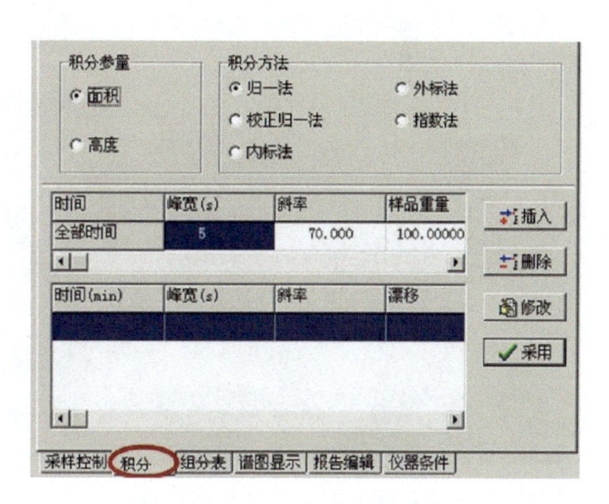

图4-17　点“积分”

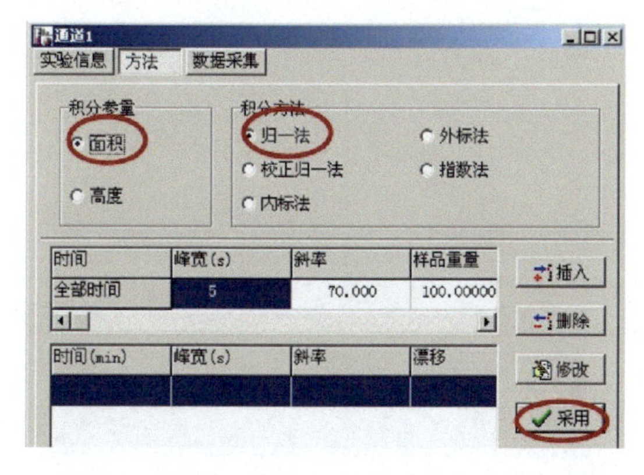

图4-18　选择“面积”“归一法”后，采用

图4-19　空气Ⅱ阀0.05MPa

（5）试漏　见图4-21 ～图4-23。

（6）点火，观察火焰是否真的点燃（见图4-24、图4-25）。零点校正，调电压范围 -50 ～ 500mV，确定，调时间范围0 ～ 10min，确定。待基线稳定后（一般至少稳定

图4-20　氢气II阀0.05MPa

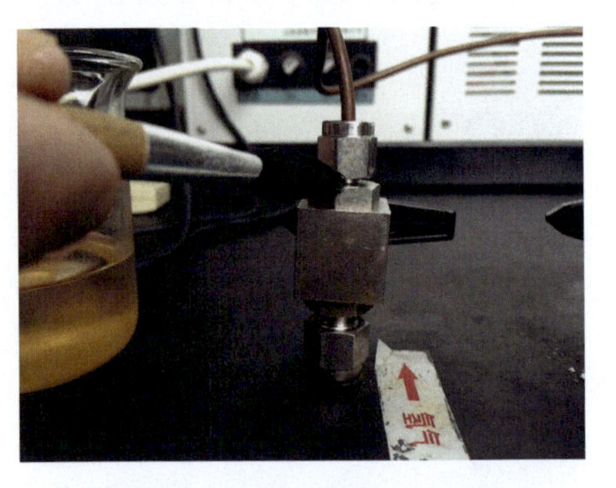

图4-21　肥皂水气体出口试漏

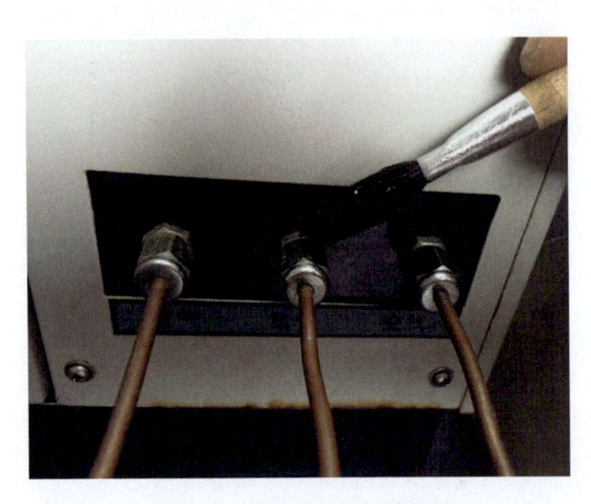

图4-22　主机气体入口试漏

图4-23　漏气状态

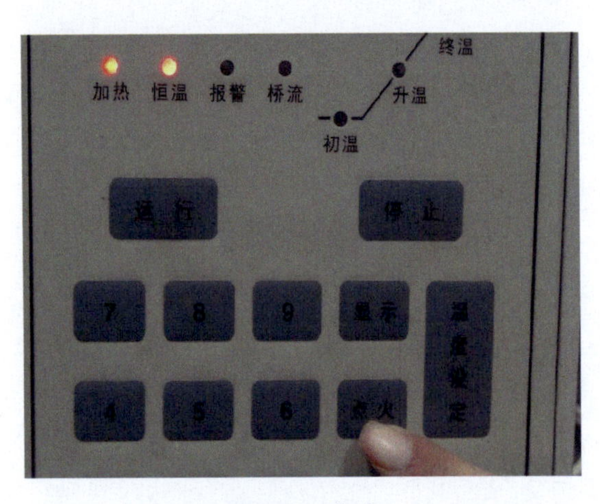

图4-24　点火

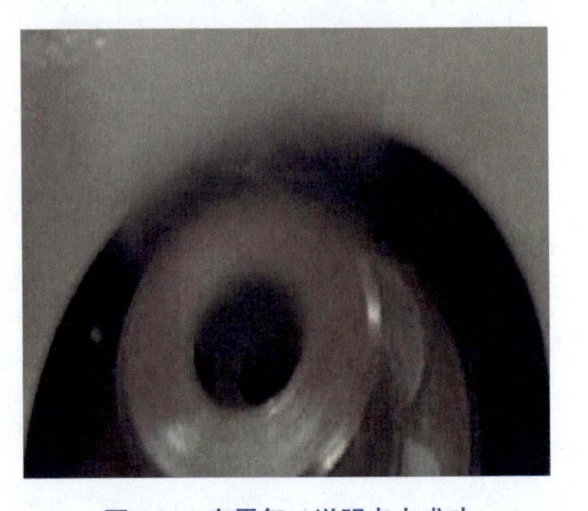

图4-25　有雾气，说明点火成功

10min），便可进样（见图4-26～图4-29）。

（7）用1μL注射器快速进纯乙醇0.2μL，按下开始钮，观察出峰情况，可放大看图。等到完全出峰后按停止，手动保存数据到规定地方（N2000—标样—建文件夹—取文件名）。点N2000在线色谱工作站最小化，双击N2000离线工作站，找到并打开刚保存的文件，点预览，看到预览图（见图4-30～图4-38）记录有关数据（见表4-1）。同样进正丙

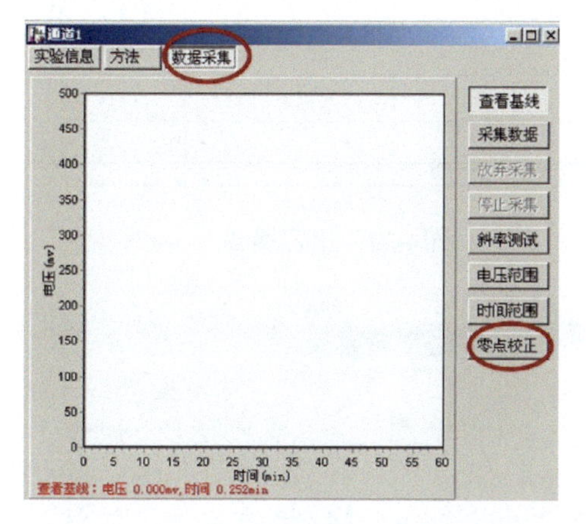

图4-26　点“数据采集”“零点校正”

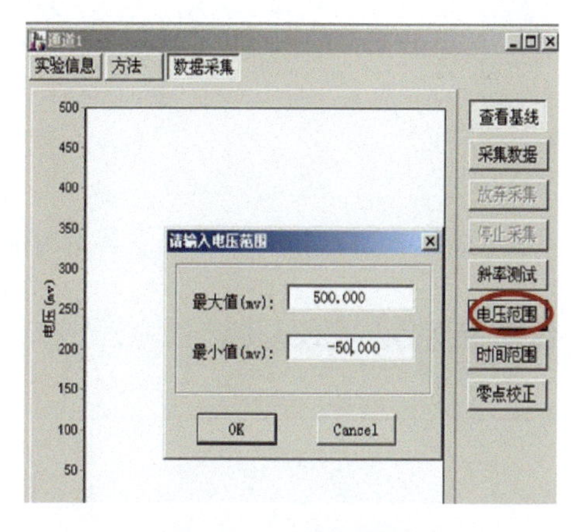

图4-27　调电压范围

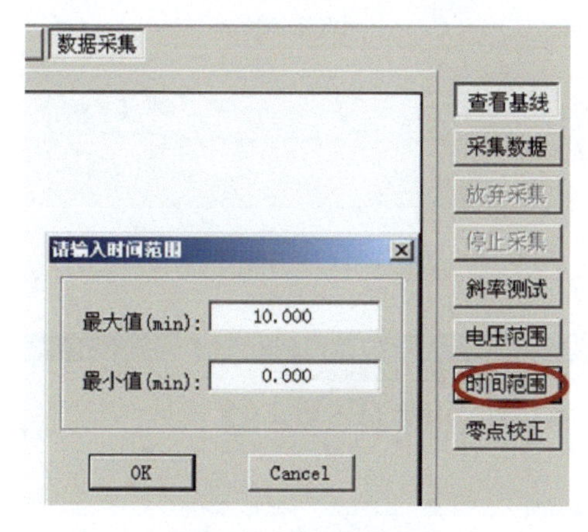

图4-28　调时间范围

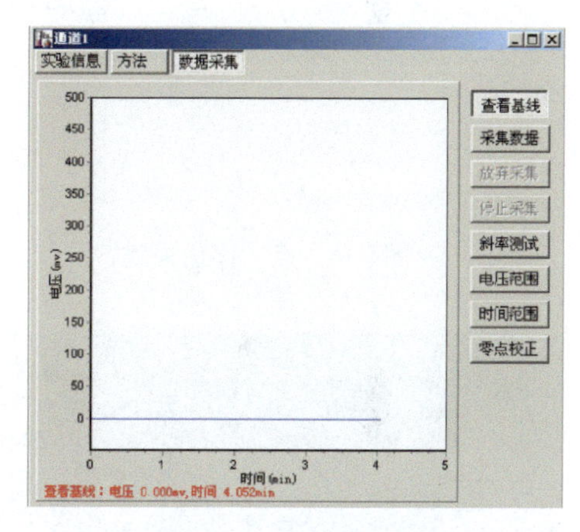

图4-29　基线平稳

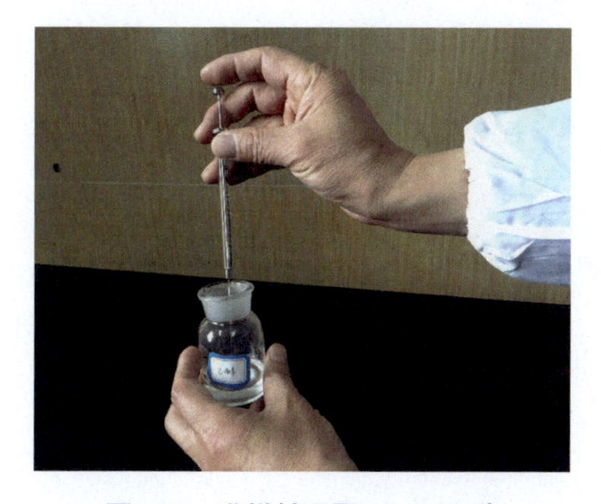

图4-30　进样针吸取0.2μL乙醇

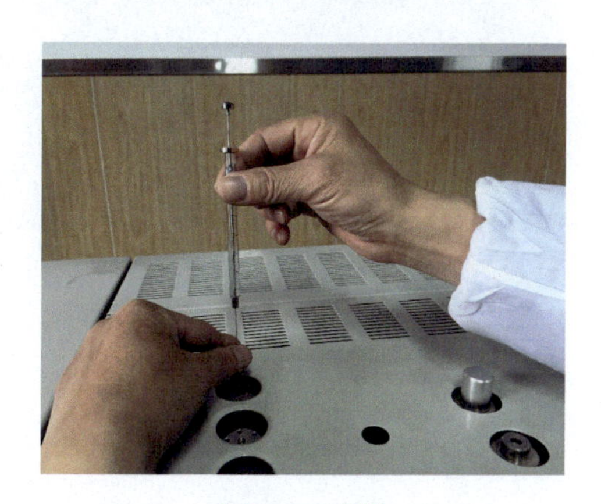

图4-31　进样

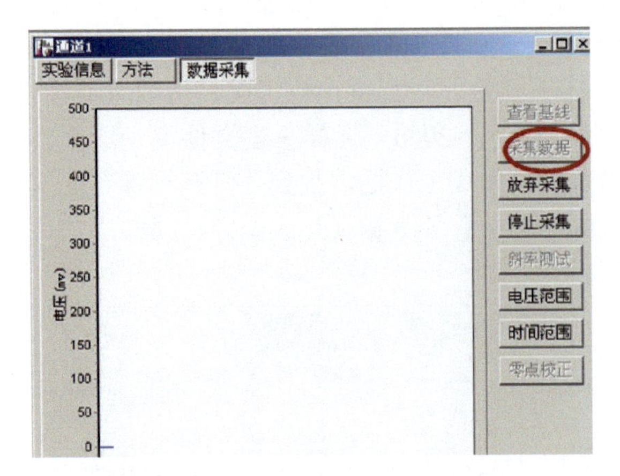

图4-32　点“采集数据”，等待出峰

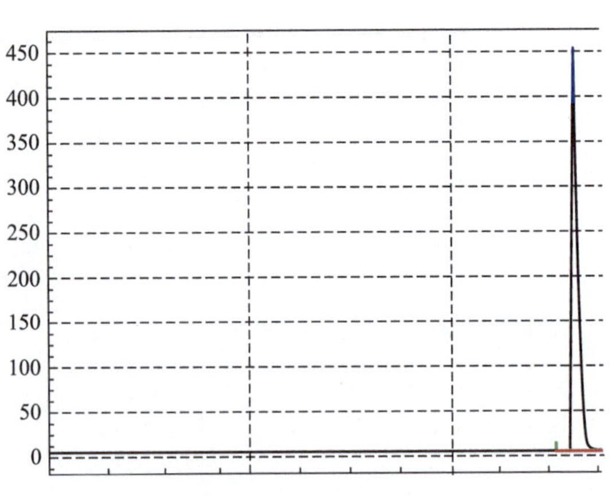

图4-33　出乙醇峰

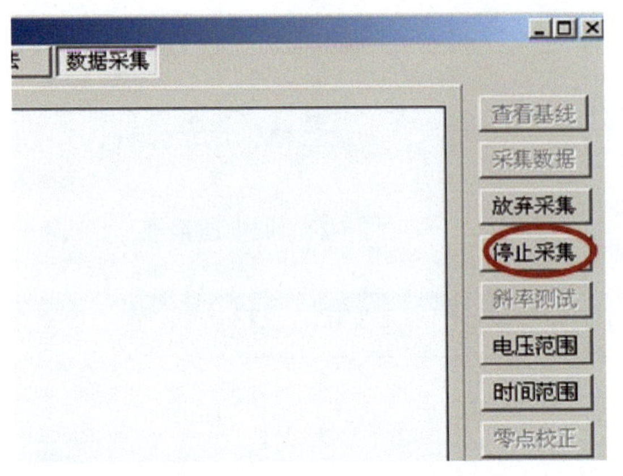

图4-34　点“停止采集”

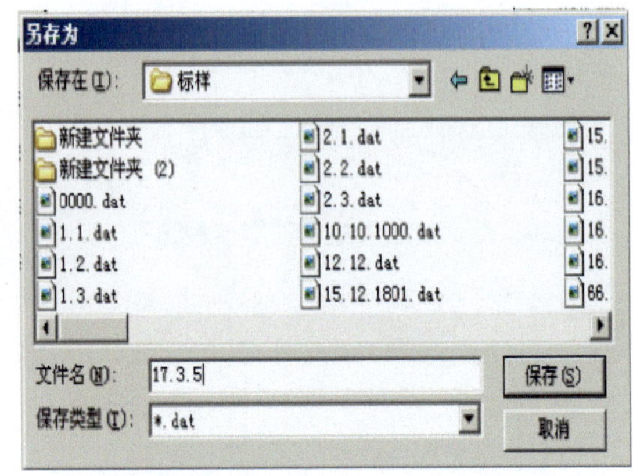

图4-35　手动保存数据到规定地方

图4-36　打开“离线工作站”

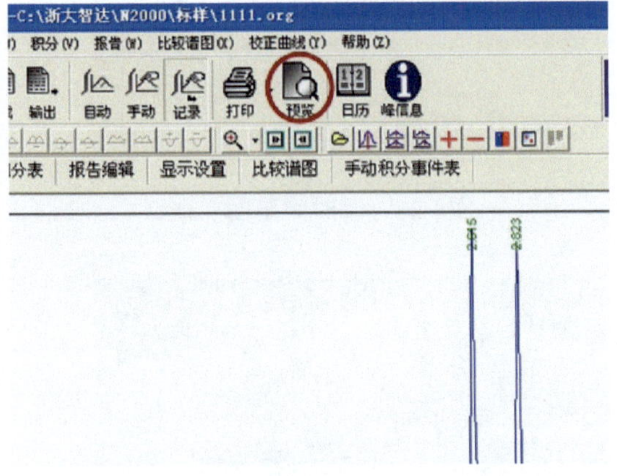

图4-37　打开刚保存的文件，点“预览”

醇、正丁醇记录有关数据（见表4-1），进混合样0.2μL，记录有关数据（见表4-2）。

（8）关H_2总阀、分阀，在主机上按“停止”键，此时仪器开始降温（见图4-39、图4-40）。

同样顺序关空气总阀、分阀，放好进样针，整理物品，关电脑。

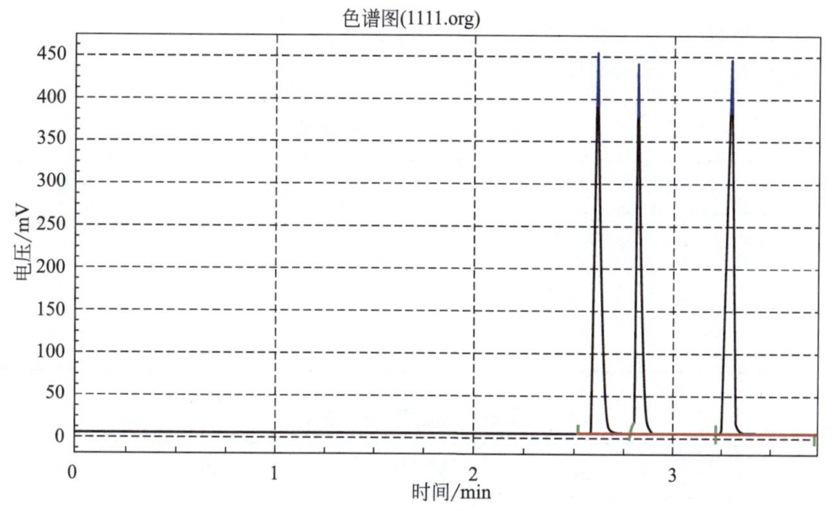

分析结果表

峰号	峰名	保留时间	峰高	峰面积	含量
1		2.615	420303.406	792567.563	33.0701
2		2.823	383988.750	757376.313	31.6018
3		3.298	397922.438	846682.938	35.3281
总计			1202214.594	2396626.813	100.0000

图4-38　预览图

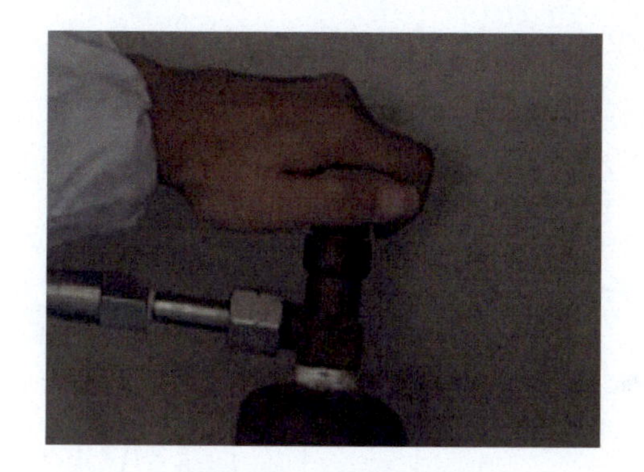

图4-39　关H_2总阀

图4-40　按“停止”键

等柱温降至室温，同样顺序关N_2总阀、分阀，关色谱仪主机（见图4-41）。记录登记本。

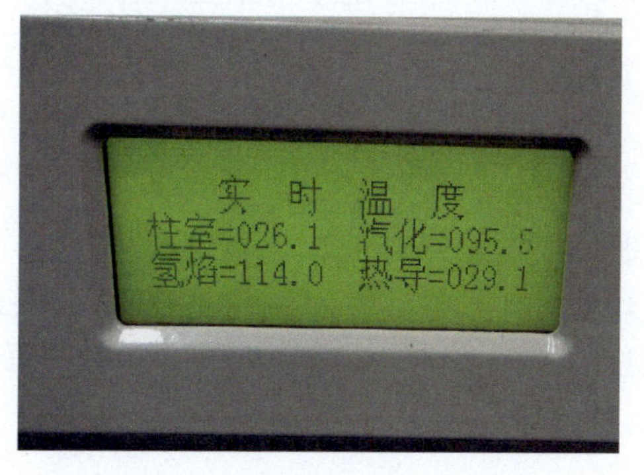

图4-41　温度降至室温，关机

（9）数据记录

数据记录于表4-1、表4-2中。

表4-1　进单个样数据

进样物品	峰名	保留时间（第一次）	保留时间（第二次）
乙醇	乙醇		
正丙醇	正丙醇		
正丁醇	正丁醇		

表4-2　进混合样数据

进样物品	峰名	保留时间	峰高	峰面积
混合样	乙醇			
	正丙醇			
	正丁醇			

知识链接

一、气相色谱仪

气相色谱流程如图4-42，由载气系统、进样系统、分离系统、检测系统、温度控制系统和记录或微机处理数据系统等六部分组成。

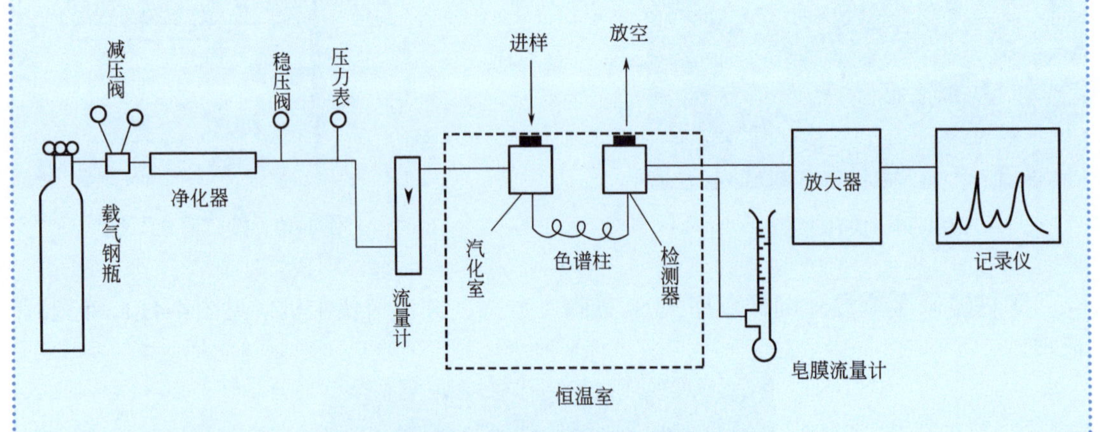

图4-42　气相色谱流程示意图

1. 载气系统

载气是载送样品进行分离的惰性气体，为气相色谱的流动相。常用的载气为氮气、氢气、氦气、氩气。载气系统要求载气纯净，密闭性好，流速稳定及流速测量准确。载气系统见图4-43。

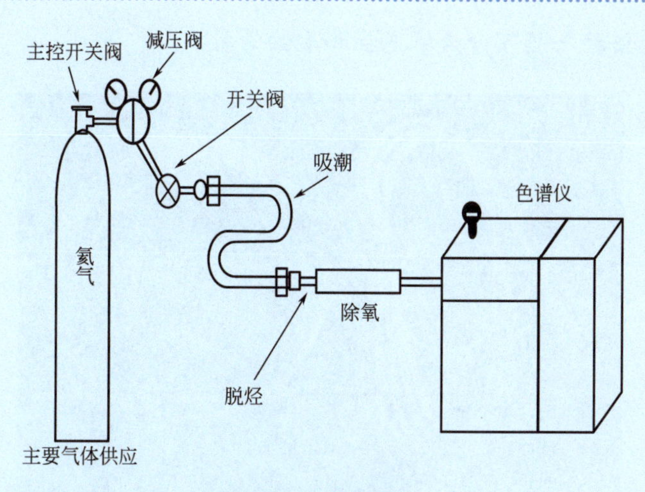

图4-43 载气系统

2. 进样系统

进样系统是把待测样品（气体或液体）快速而定量地加到色谱柱中进行色谱分离的装置。由进样器和汽化室两部分组成（见图4-44）。

液体样的进样，一般都用微量注射器，常用的规格有1μL、 5μL、 10μL和25μL等 （见图4-45）。

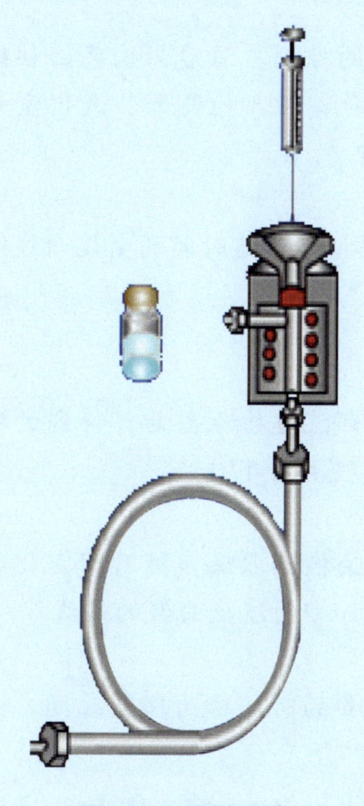

图4-44 进样系统

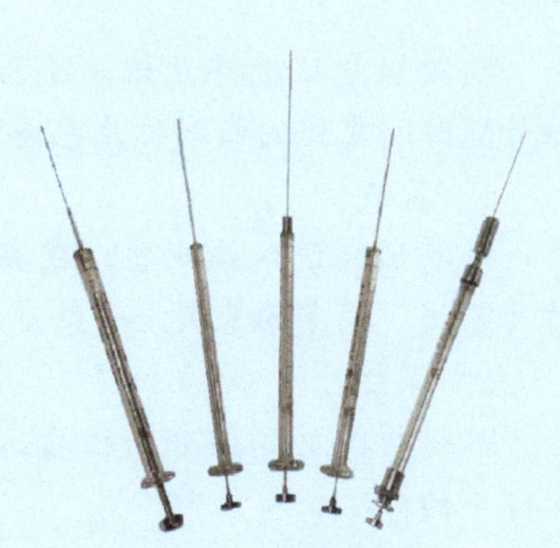

图4-45 微量注射器

3. 分离系统

分离系统的主要作用是将多组分样品分离为单个组分，它的核心是色谱柱

（见图4-46）。色谱柱一般可分为填充柱和毛细管柱。

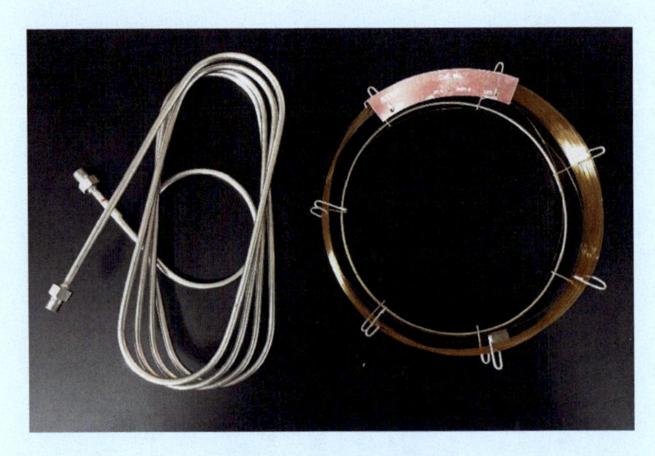

图4-46　色谱柱示意图

4. 检测系统

混合组分经色谱柱分离以后，按次序先后进入检测器。检测器的作用是将各组分在载气中的浓度或质量随时间的变化，转化成相应电信号。常用的检测器有热导检测器、氢火焰离子化检测器、电子捕获检测器和火焰光度检测器。

5. 温度控制系统

在气相色谱测定中，一个重要的指标就是温度的控制。温度影响色谱柱的选择性和分离效率及检测器的灵敏度和稳定性。所有色谱柱、检测器、汽化室都要进行温度控制。温度控制方式有恒温和程序升温两种。

6. 记录或微机处理数据系统

数据处理系统最基本的功能是将检测器输出的模拟信号随时间的变化曲线绘制出来。

二、色谱分析术语

被测组分从进样开始，经色谱柱分离到组分全部流过检测器后，得到的检测信号随时间变化的曲线称为色谱流出曲线或色谱图（见图4-47）。

1. 基线

没有试样进入检测器，在实验操作条件下，反映检测器噪声随时间变化的线称为基线，稳定的基线是一条直线。如图4-47中OO'即为流出曲线的基线。

2. 保留时间（t_R）

从进样开始到组分出柱后出现浓度最大值所需要的时间称为保留时间。如图4-47中的t_R。

3. 峰高（h）

色谱峰顶与基线的垂直距离为峰高，如图4-47中的h。

4. 峰面积（A）

由色谱峰与基线之间所围成的面积称为峰面积。它是定量分析的基本依据。

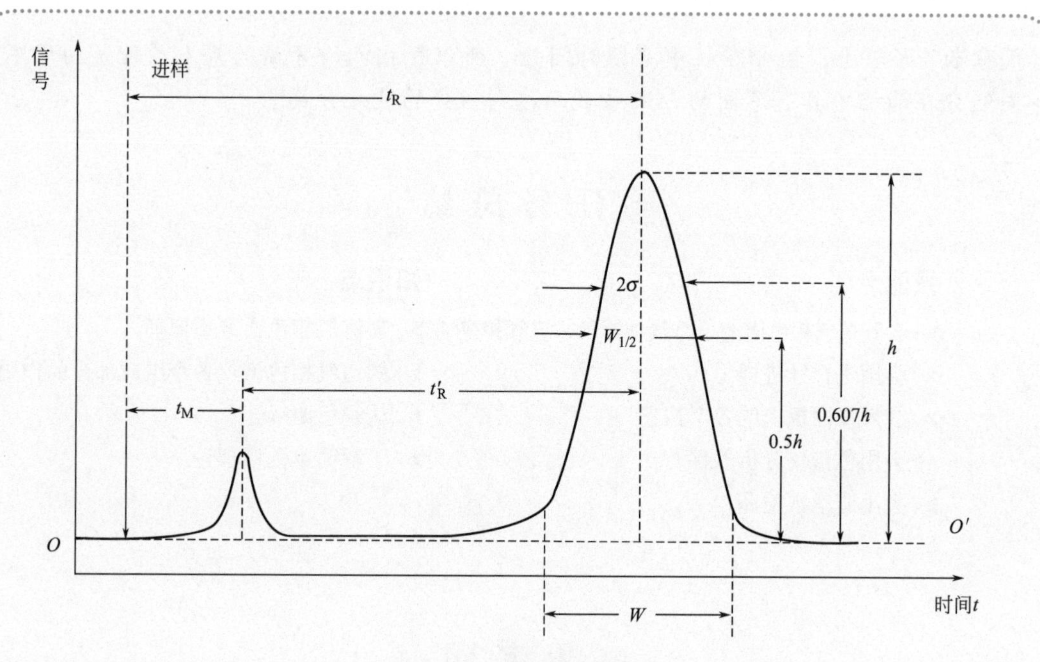

图4-47　色谱流出曲线

三、色谱理论

1. 气-固色谱

当色谱柱填充物为固体吸附剂时，由于固体吸附剂表面对样品中各组分的吸附能力不同，当样品随载气不断通过色谱柱时，产生反复多次的吸附和解析过程，各组分被吸附剂吸附的难易程度不同，易吸附的组分后从色谱柱流出，不易吸附的组分先从色谱柱流出，从而实现分离。

2. 气-液色谱

气液色谱中，组分彼此分离的原理是由于不同组分在固定液中的溶解度不同。溶解度大的不易洗脱挥发，后流出色谱柱，后出峰。溶解度小的在柱中滞留时间短，先流出色谱柱先出峰。

3. 分配系数

组分在固定相和流动相间发生的吸附、脱附，或溶解、挥发的过程叫做分配过程。被测组分根据吸附和溶解能力的大小，以一定的比例分配在固定相和气相之间，溶解度大或吸附力大的组分，分配在固定相的量就多一些，分配在气相中的量就少一些。反之，溶解度小或吸附力小的组分，在固定相中的量就小于流动相中的量。

在一定温度下，组分在两相间分配达到平衡时的浓度比，称为分配系数，用K表示，即：

$$K=\frac{\text{组分在固定相中的浓度}}{\text{组分在流动相中的浓度}}=\frac{c_{\text{固}}}{c_{\text{流}}}$$

K值的大小反映了物质吸附或溶解能力的大小，K值愈大，组分在柱中滞留时间愈长；K值小，组分在柱中滞留时间短。所以气相色谱分离的基本原理是由于不同组分在两相中具有不同的分配系数而达到组分的彼此分离。

任务总结

技能点	知识点
➤ 会开关气相色谱的三路气体氮气、氢气和空气	➤ 理解气相色谱分离原理
➤ 会用进样针进样	➤ 知道气相色谱仪各个组成部分的作用
➤ 会操作面板上的各个按钮	➤ 认识色谱峰
➤ 会用色谱仪分析软件	➤ 了解简单色谱理论
➤ 会用肥皂水检漏	

思考题

（1）气相色谱仪由哪几个系统组成？各个系统的作用是什么？

（2）气相色谱分析中常用的检测器有哪些？

（3）气相色谱分析的定义是什么？

（4）气相色谱分析时如何试漏？其目的是什么？

（5）上网查阅用氢火焰离子化检测器时，什么气体作载气较合适？

（6）什么叫保留时间？

（7）小组讨论说一说实验的操作步骤有哪些？

任务二　面积归一法测乙醇、正丙醇、正丁醇混合物含量

任务简介

面积归一法是以样品中被测组分经校正以后的峰面积（或峰高），占样品中各组分经校正后的峰面积（或峰高）总和的比例，来表示样品中各组分含量的定量分析方法。面积归一法的优点是简便、准确，进样量的多少与测定结果无关，操作条件的变化对定量结果的影响较小。缺点是仅适用于试样中所有组分全出峰的情况。

任务目标

（1）气相色谱的定性。
（2）相对校正因子的求取。
（3）试样含量的计算。

任务准备

试剂与仪器

1. 试剂

色谱纯乙醇（1瓶），色谱纯正丙醇（1瓶），色谱纯正丁醇（1瓶），乙醇、正丙醇、正丁醇混合试样（1瓶）。

2. 仪器

山东金普GC2010气相色谱仪（1台）、色谱柱（OV-17）（1根）、1μL气相色谱进样针（1支）。

内　容

1. 实验操作

（1）乙醇、正丙醇、正丁醇混合标样的配制

将一个经过洗净、烘干，带有橡胶塞的小瓶在分析天平上准确称量，质量为W_1（g），然后加入乙醇称量质量为W_2（g），加入正丙醇称量质量为W_3（g），加入正丁醇称量质量为W_4（g），混匀，则乙醇为（W_2-W_1）g，正丙醇为（W_3-W_2）g，正丁醇为（W_4-W_3）g。

（2）三种气体的开关、三种温度设定、工作站操作、试漏、进样操作等同任务一。

（3）数据记录

数据记录于表4-3～表4-5。

表4-3　单个试样数据记录

进样物品	峰名	保留时间（第一次）	保留时间（第二次）
乙醇	乙醇		
正丙醇	正丙醇		
正丁醇	正丁醇		

表4-4　混合标样数据记录

进样物品	峰名	保留时间	峰面积	相对质量校正因子f'
混合标样	乙醇			1.00
	正丙醇			
	正丁醇			

表4-5　混合试样数据记录

进样物品	峰名	保留时间	峰面积	质量分数/%
混合试样	乙醇			
	正丙醇			
	正丁醇			

2. 计算结果

相对质量校正因子$f'_{i/s}=\frac{f_i}{f_s}=\frac{m_i}{m_s}\times\frac{A_s}{A_i}$

质量分数的计算：

$$w_i=\frac{m_i}{m}\times100\%=\frac{m_i}{m_1+m_2+m_3}\times100\%=\frac{A_if'_i}{A_1f'_1+A_2f'_2+A_3f'_3}\times100\%$$

知识链接

一、利用保留值定性

气相色谱定性分析的目的是确定每个色谱峰所代表的物质。定性分析的理论依据是：当固定相和操作条件相同时，每一种物质都有一定的保留时间。利用已知标准物质直接对照定性是一种最简单的定性方法。具体方法：先测出未知物中每个峰的保留时间，然后将欲测的某种纯物质注入色谱仪，若未知物中某峰的保留时间与纯物质相同，则两物质相同。该方法只能定性较简单物质。

二、定量校正因子

1. 绝对质量校正因子f_i

绝对质量校正因子为某组分i通过检测器的量与检测器对该组分响应信号之比。

$$f_i=m_i/A_i$$

式中 f_i——组分i的绝对质量校正因子；

m_i——组分i通过检测器的量，g，mol或质量分数；

A_i——组分i的峰面积。

2. 相对质量校正因子

相对质量校正因子指组分i与基准组分s的绝对质量校正因子之比。

$$f'_{i/s}=\frac{f_i}{f_s}=\frac{m_i}{m_s}\times\frac{A_s}{A_i}$$

式中 f_i——组分i的绝对质量校正因子；

f_s——基准组分s的绝对质量校正因子；

m_i——组分i通过检测器的量；

m_s——基准组分s通过检测器的量；

A_i——组分i的峰面积；

A_s——组分s的峰面积。

【例4-1】 相对质量校正因子示例

组分	组分质量/g	峰面积/mm^2	峰面积相对质量校正因子
甲醇（基准物）	26.39	311	1.00
乙酸乙酯	29.80	325	1.08
异丙醇	26.76	350	0.90

$$f'_{甲醇/甲醇}=\frac{m_{甲醇}}{m_{甲醇}}\times\frac{A_{甲醇}}{A_{甲醇}}=1.00$$

$$f'_{乙酸乙酯/甲醇}=\frac{m_{乙酸乙酯}}{m_{甲醇}}\times\frac{A_{甲醇}}{A_{乙酸乙酯}}=\frac{29.80\times311}{26.39\times325}=1.08$$

$$f'_{异丙醇/甲醇}=\frac{m_{异丙醇}}{m_{甲醇}}\times\frac{A_{甲醇}}{A_{异丙醇}}=\frac{26.76\times311}{26.39\times350}=0.90$$

三、归一法定量

面积归一法就是以样品中被测组分经校正过的峰面积（或峰高）占样品中各组分经校正过的峰面积（或峰高）的总和的比例来表示样品中各组分含量的方法。用此法定量分析要求所有组分都出峰。

假设样品中有3个组分，且都出峰，各组分的质量分别为m_1、m_2、m_3，在一定条件下测得峰面积分别为A_1、A_2、A_3，则组分i的质量分数为

$$w_i=\frac{m_i}{m}\times100\%=\frac{m_i}{m_1+m_2+m_3}\times100\%=\frac{A_if_i'}{A_1f_1'+A_2f_2'+A_3f_3'}\times100\%$$

【例4-2】 面积归一法定量计算示例

混合物	峰面积/mm^2	峰面积相对质量校正因子
甲醇	340	1.00
乙酸乙酯	249	1.08
异丙醇	401	0.90

$$w_{甲醇}=\frac{340\times1.00}{340\times1.00+249\times1.08+401\times0.90}\times100\%=35\%$$

$$w_{乙酸乙酯}=\frac{249\times1.08}{340\times1.00+249\times1.08+401\times0.90}\times100\%=28\%$$

$$w_{异丙醇}=\frac{401\times0.90}{340\times1.00+249\times1.08+401\times0.90}\times100\%=37\%$$

四、内标法定量

内标法定量是将一定量的纯物质作为内标物，加入到已准确称量的样品中去，根据被测组分的峰面积（或峰高）和内标物的峰面积（或峰高），计算出被测组分的含量。

这是一种较准确且常用的定量分析方法。当组分不能完全流出色谱柱，或是检测器对样品中某些组分不产生信号，或是只测定样品中某一组分时，采用内标法可获得准确结果。

五、外标法定量

外标法是用待测组分的纯品作对照物，配制一系列不同浓度的标准液，进行色谱分析，以峰面积对浓度作工作曲线。在相同操作条件下，对试样进行色谱分析，测出试样中待测组分的峰面积，根据工作曲线即可查出组分的含量。

外标法操作简单、不需要校正因子，计算方便，其他组分是否出峰都无影响，但要求分析组分与其他组分完全分离，实验条件稳定，标准品的纯度高，进样必须准确。

任务总结

技能点	知识点
➤ 会测定保留时间	➤ 保留值定性
➤ 会用进样针进样	➤ 绝对校正因子、相对校正因子
➤ 会操作色谱仪	➤ 面积归一法，内标法，外标法

思考题

（1）气相色谱定性分析的理论依据是什么？

（2）何为绝对质量校正因子？何为相对质量校正因子？

（3）归一法定量的理论依据是什么？其优缺点各是什么？

（4）各组分的质量和峰面积如下，求各组分相对质量校正因子。

组分	组分质量/g	峰面积/mm^2	峰面积相对质量校正因子
苯（基准物）	2.2011	440	
甲苯	2.2123	430	
乙基苯	2.2020	420	

（5）用热导池检测器分析乙醇、庚烷、苯和正丙醇的混合物，分析数据如下：

化合物	峰面积/cm^2	相对质量校正因子	化合物	峰面积/cm^2	相对质量校正因子
乙醇	5.0	1.22	苯	4.0	1.00
庚烷	9.0	1.12	正丙醇	7.0	0.99

分别求乙醇、庚烷、苯和正丙醇在混合物中的质量分数。

任务三　可乐中咖啡因含量的测定

任务简介

在高效液相色谱中，如果采用非极性固定相（如十八烷基键合相）、极性流动相，就构成了反相色谱分离系统。和正相色谱系统相比，反相色谱系统的应用更为广泛。

可乐中咖啡因含量的测定：采用反相高效液相色谱法可以将可乐中的咖啡因与其他组分进行分离。通过设置适宜的色谱条件，将浓度不同的咖啡因标准溶液及待测溶液依次进入色谱系统，通过测定色谱图上的保留时间定性，确定咖啡因的色谱峰。然后用峰面积作为定量测定参数，采用标准曲线法测定可乐中的咖啡因含量。

外标法（标准曲线法）是一种简便、快速的定量方法。具体方法是：用标准样品配制成不同浓度的标准系列溶液，与待测组分在相同的色谱条件下，等体积准确进样，测量峰高或峰面积，用峰高或峰面积对样品浓度绘制标准曲线。

咖啡因的甲醇溶液在272nm波长下有最大吸收，其吸收值的大小与咖啡因浓度成正比，从而可进行定量。

任务目标

（1）认识高效液相色谱仪。

（2）制作咖啡因标准曲线。

（3）计算样品浓度。

任务准备

1. 试剂

甲醇（HPLC试剂）、乙腈（HPLC试剂）、超纯水、咖啡因标准品（纯度98%以上）、可口可乐样品。

2. 仪器

大连依利特液相色谱仪（1台）、液相色谱柱（Sinochrom ODS-BP 5μm）（1根）、超声清洗仪（1台）、微孔过滤装置（1台）。

内　容

1. 标准系列溶液的配制及样品处理

（1）标准系列溶液的配制　取咖啡因标准品1g，用甲醇溶解，并在1000mL容量瓶中定容，得1mg/mL的咖啡因储备液。取50mL容量瓶5只，分别移取咖啡因储备液1.00mL、2.00mL、3.00mL、4.00mL、5.00mL，用甲醇定容，得咖啡因浓度为20μg/mL、40μg/mL、60μg/mL、80μg/mL、100μg/mL的系列标准溶液（见图4-48）。

（2）样品处理　取可乐饮料100mL，加热到40℃，超声脱气5min，用微孔过滤装置进行过滤，弃去前10mL。取2mL已过滤好的饮料放入25mL容量瓶中，用甲醇定容。

图4-48　配制好系列标准溶液

2. 仪器操作

（1）将配制好的流动相（甲醇：乙腈：水=60 ： 30 ： 10），先经0.45μm的滤膜过滤（有机物用有机膜过滤，水用水系膜过滤，后按比例混合），超声脱气15min后，将仪器上的不锈钢过滤沉子放入流动相溶剂瓶中（见图4-49 ～图4-53）。

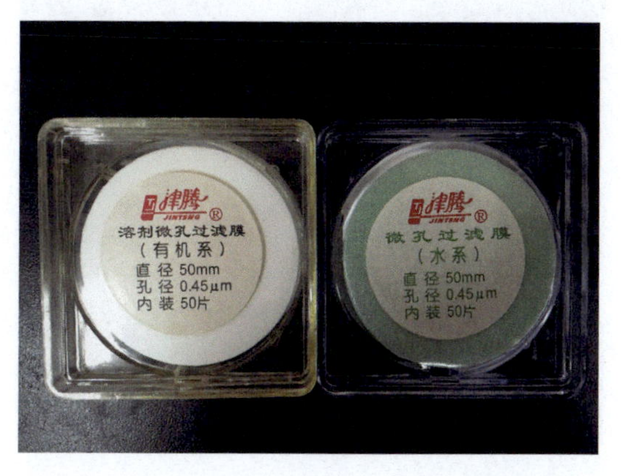

图4-49　选择合适的过滤膜（水系、有机系）

图4-50　装过滤膜

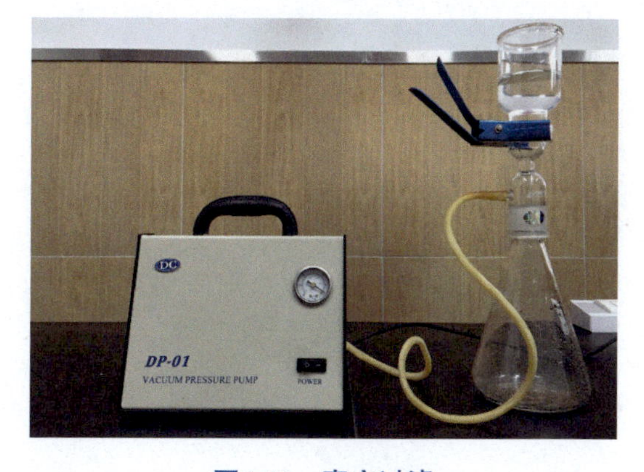

图4-51　真空过滤

图4-52　超声脱气15min

（2）打开电源，再依次打开UV 230 Ⅱ检测器、P230 Ⅱ泵A，P230 Ⅱ泵B，电脑电源。

（3）打开P230Ⅱ A泵放空阀，按“冲洗”键，冲洗30s，再按“冲洗”停止冲洗，关闭放空阀（见图4-54 ～图4-56）。

图4-53　过滤沉子放入流动相溶剂瓶中

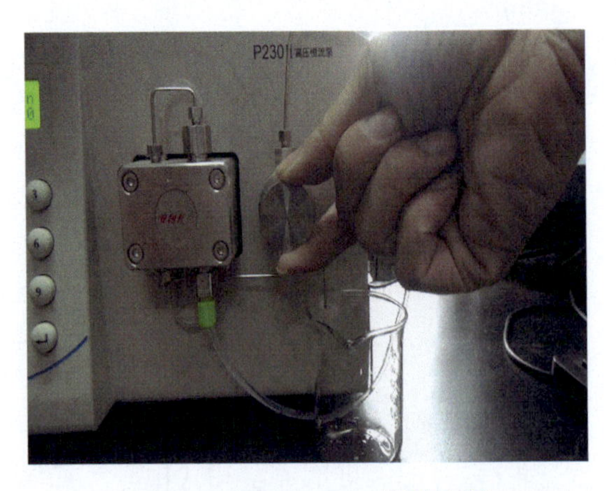

图4-54　打开P230ⅡA泵放空阀

图4-55　按“冲洗”键，冲洗30

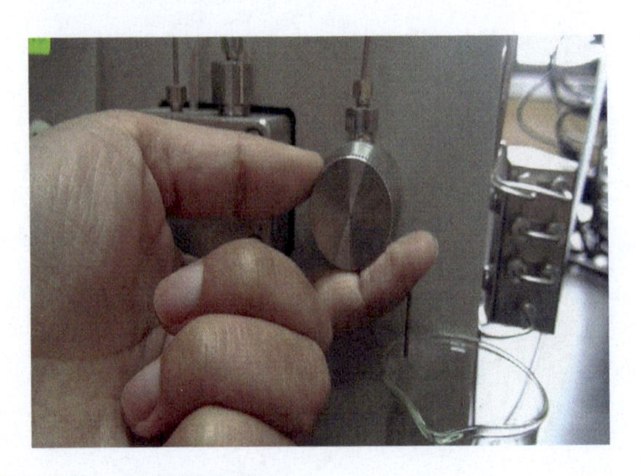

图4-56　按“冲洗”停止冲洗，关闭放空阀

（4）打开工作站软件，按“仪器控制”→“系统配置”，添加UV 230 Ⅱ检测器、P230 Ⅱ泵A、P230 Ⅱ泵B等仪器相应的配置，按“验证系统配置”，此时跳出对话框中仪器配置与所添加的仪器配置一致，证明仪器连接正常（见图4-57～图4-61）。

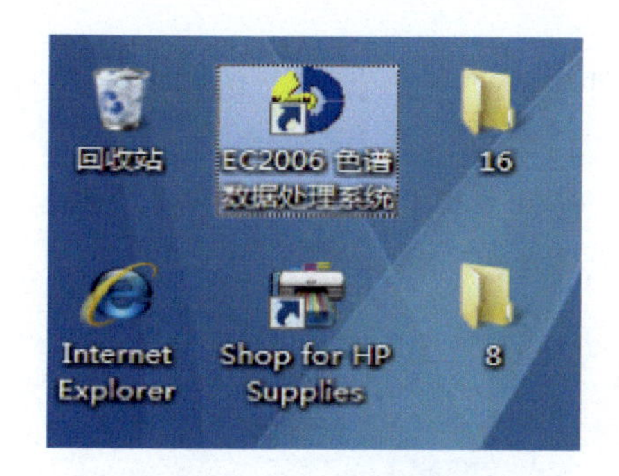

图4-57　打开工作站软件

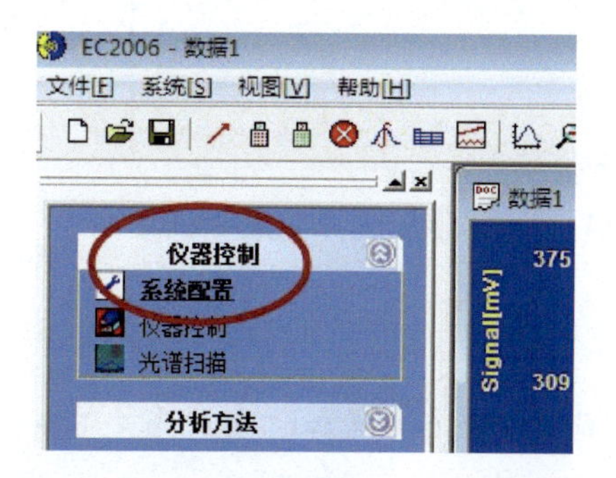

图4-58　按“仪器控制”→“系统配置”

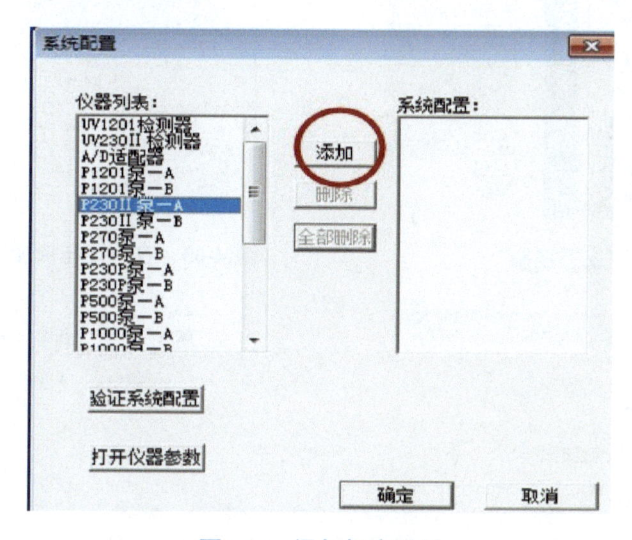

图4-59　添加相应配制

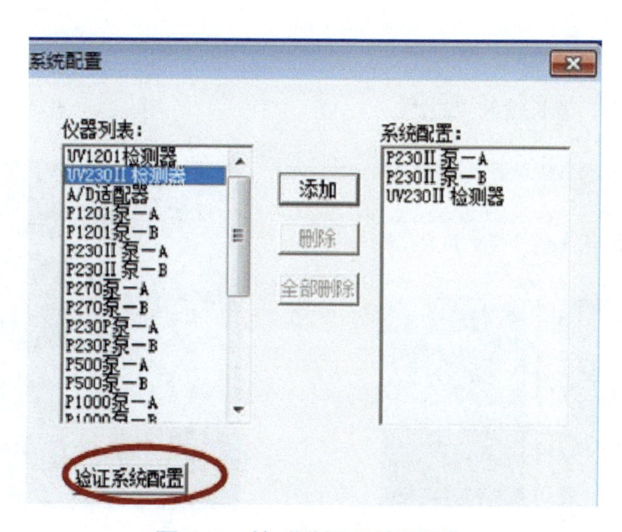

图4-60　按“验证系统配置”

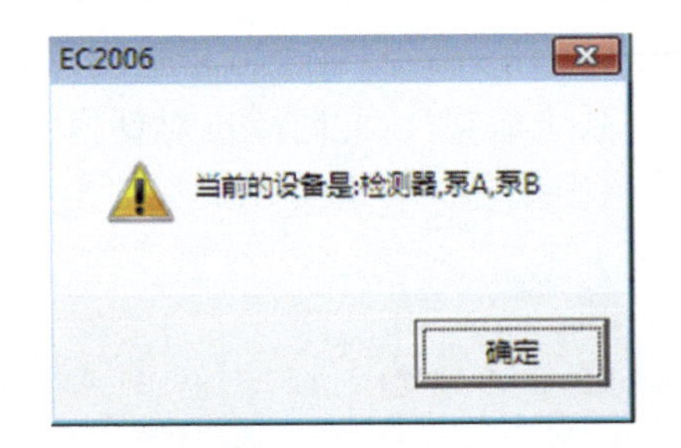

图4-61　仪器配制一致后，点“确定”

（5）点仪器控制，在高压梯度中选所需流速（常用为1.0mL/min），泵A 100%，泵B 0%，直接输入泵、检测器参数272nm，发送仪器参数（见图4-62～图4-65）。

（6）在软件中点“🔒”按钮，仪器开始运行，查看基线情况。待泵压力及工作站基线平稳后，点关闭。点“🔒”按钮，软件进入等待进样状态，此时便可进样（见图4-66～图4-70）。

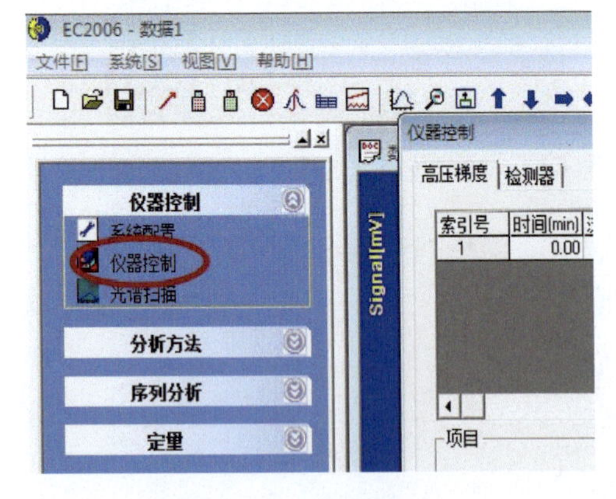

图4-62　按“仪器控制”

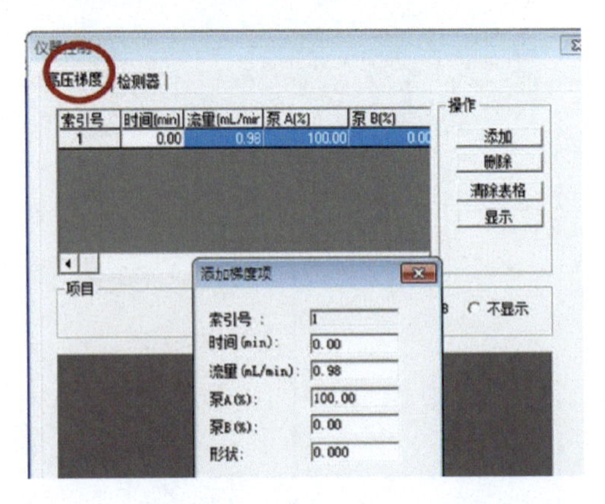

图4-63　在“高压梯度”中填入所要求数据

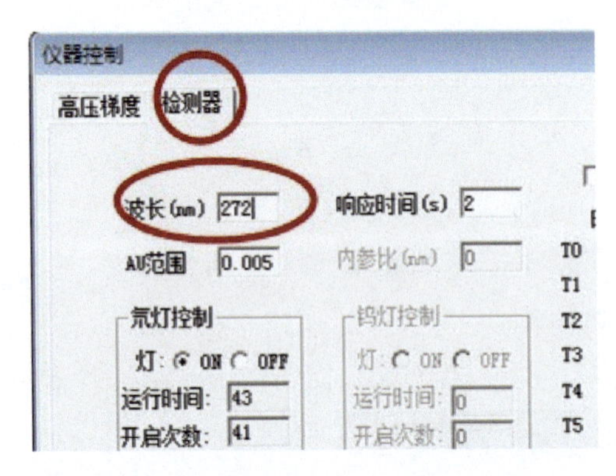

图4-64　按“检测器”，波长输入“272”

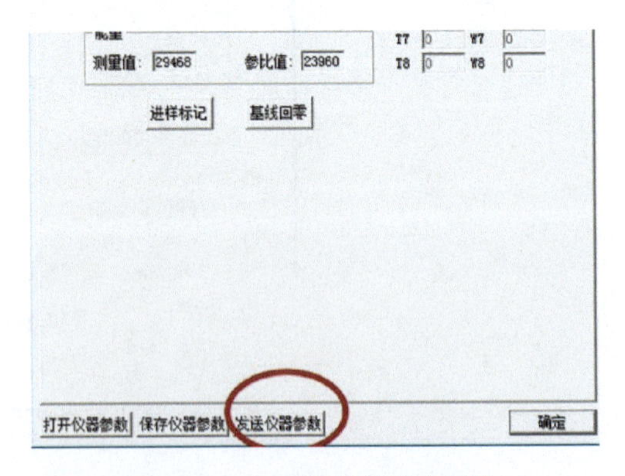

图4-65　点“发送仪器参数”

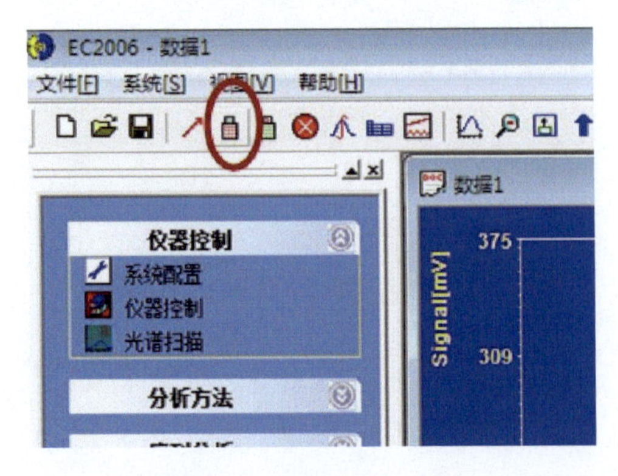

图4-66　按“🔒”按钮

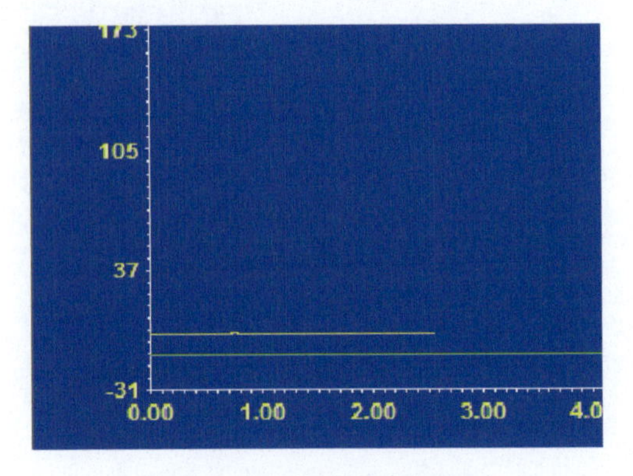

图4-67　等待基线平稳

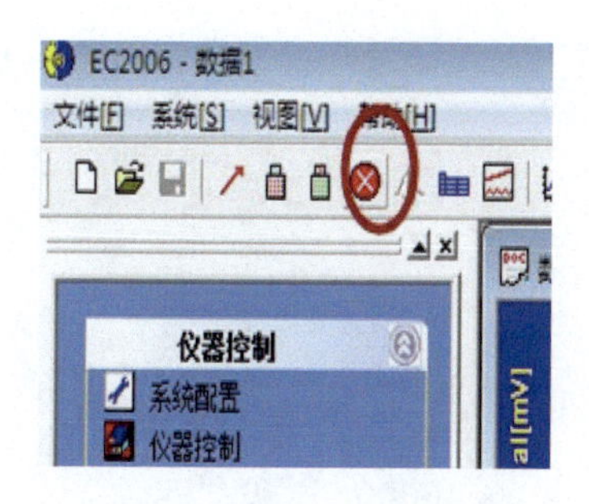

图4-68　点“关闭”

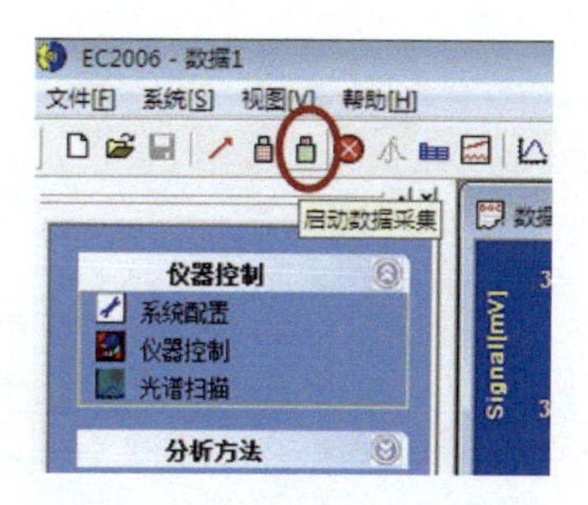

图4-69　点“ ”，等待进样

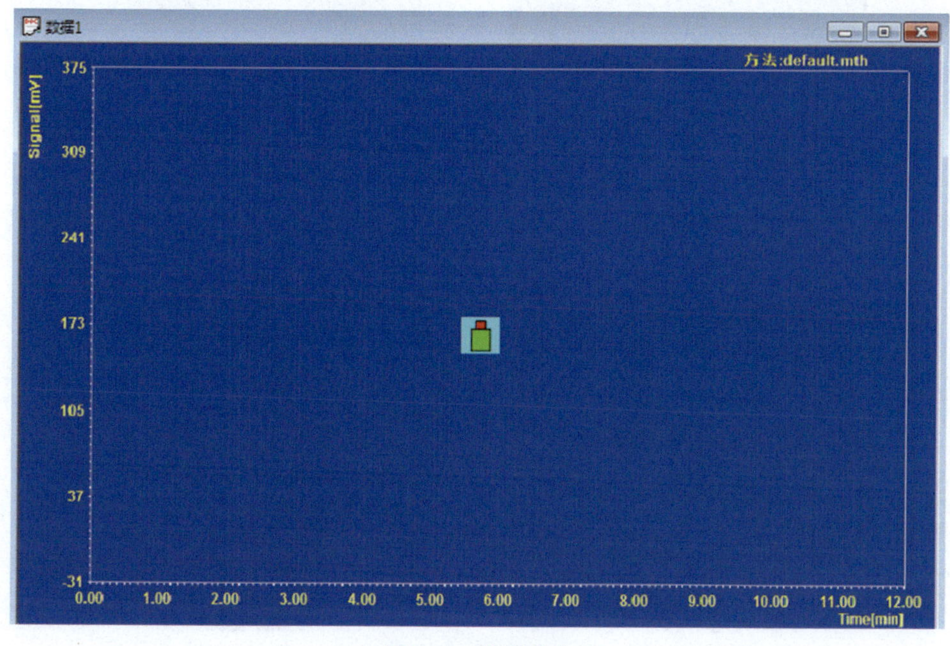

图4-70　进样状态

（7）用25μL的液相进样针进1号样25μL，消除气泡（Inject状态插入，Load状态进样，扳到Inject状态），观察出峰情况，等所有峰出来后，按停止采集键，保存并命名（见图4-71～图4-81）。

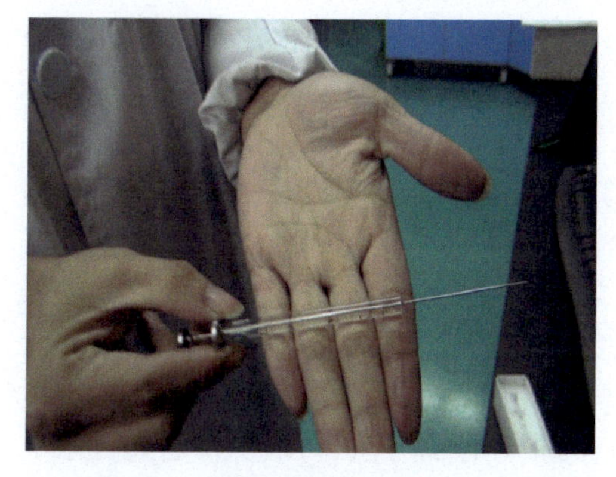

图4-71　选用液相进样针（平头）

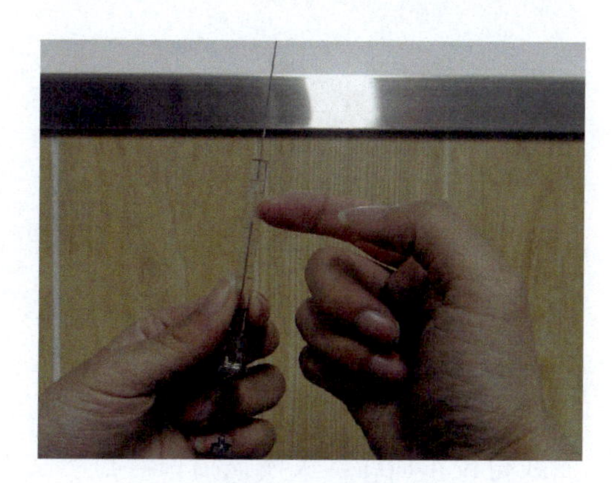

图4-72　赶气泡

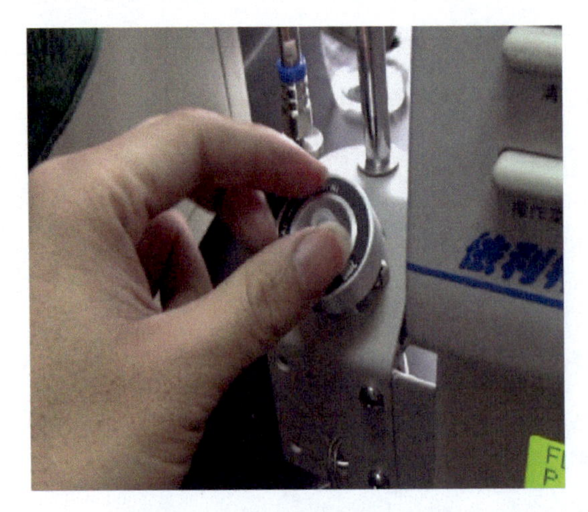

图4-73　拿出进样口盖子、针

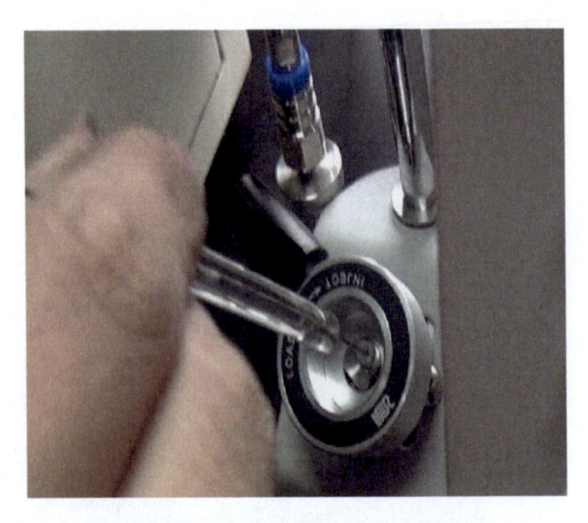

图4-74　Inject状态插入进样针

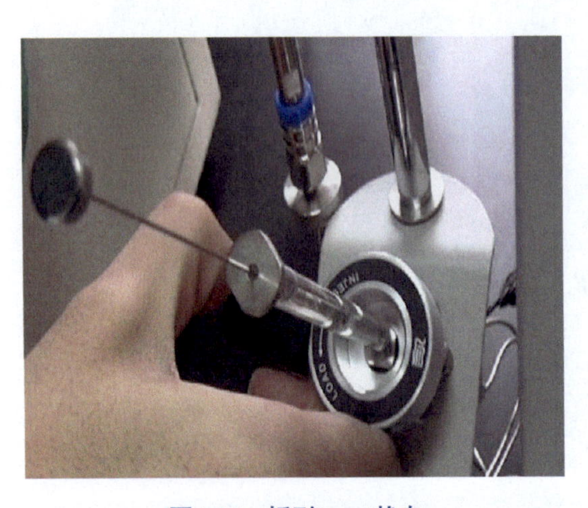

图4-75　扳到Load状态

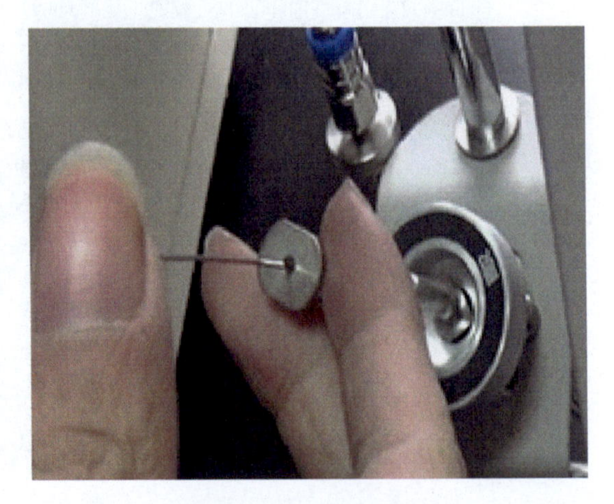

图4-76　Load状态进样

图4-77　扳回Inject状态

（8）同理，进2、3、4、5号标样和试样，保存并命名。峰大小超出坐标后，可按上下箭头调节峰大小（见图4-82）。

（9）处理每一个图谱，到每个所需峰序号相同，保存。

（10）打开左侧菜单“定量”，用标样计算，右键打开标准样品，添加每一个标样，打开，右键设置标准样品，单击第一个文件名，双击下面菜单，输入组分名和浓度20μg/mL，点“确定”，同理操作其他标样，关闭。右键选一次曲线、计算定量曲线得校正曲线，关闭该窗口。点“文件”“另存为”“存储方法”，取文件名如可乐中咖啡因含量，保存（见图4-83～图4-95）。

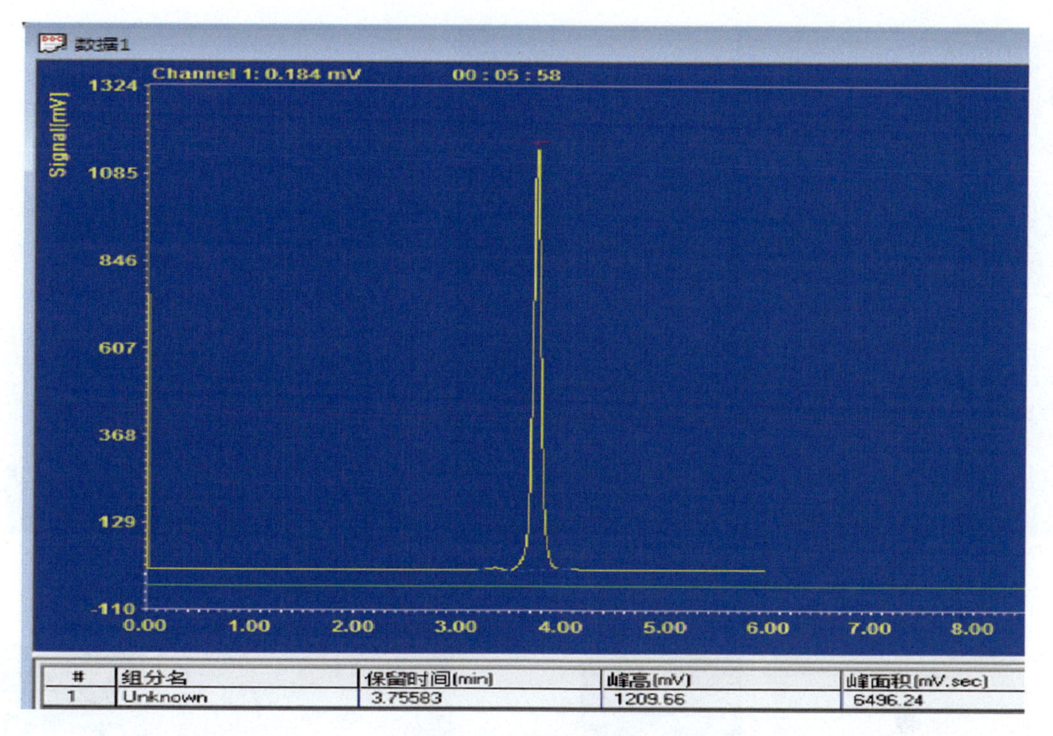

图4-78　等待出峰

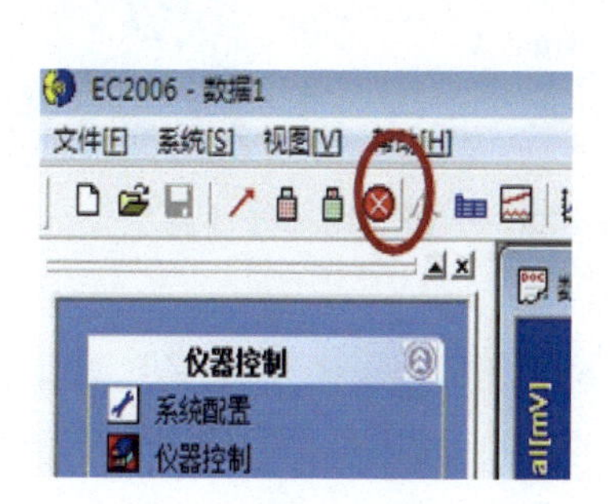

图4-79　出峰后，点“停止”

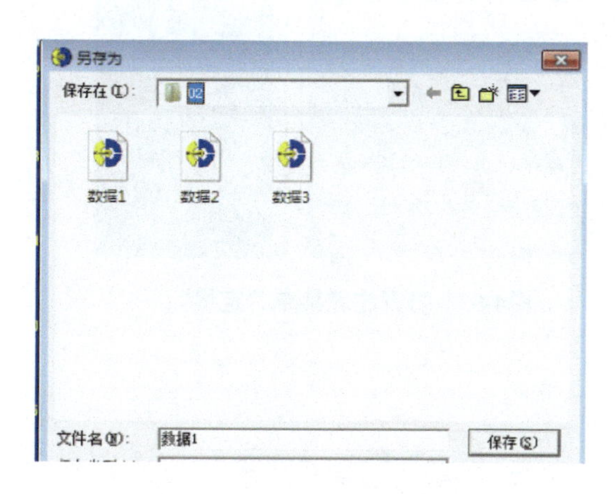

图4-80　保存，命名“数据1”

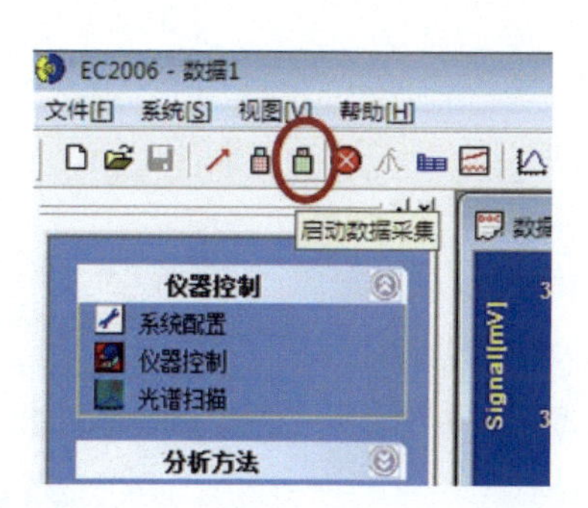

图4-81　点“🔒”，等待下次进样

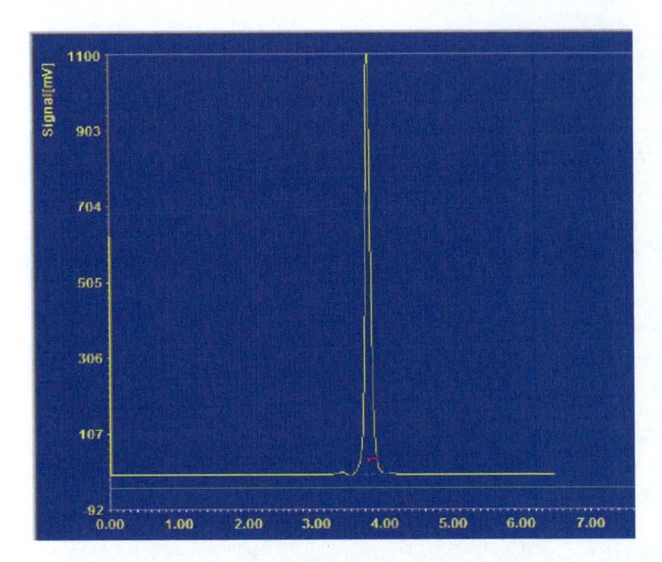

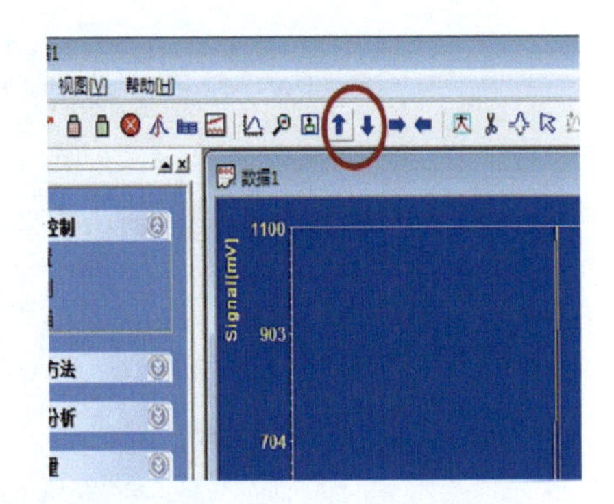

图4-82　峰大小超出坐标后，可按上下箭头调节峰大小

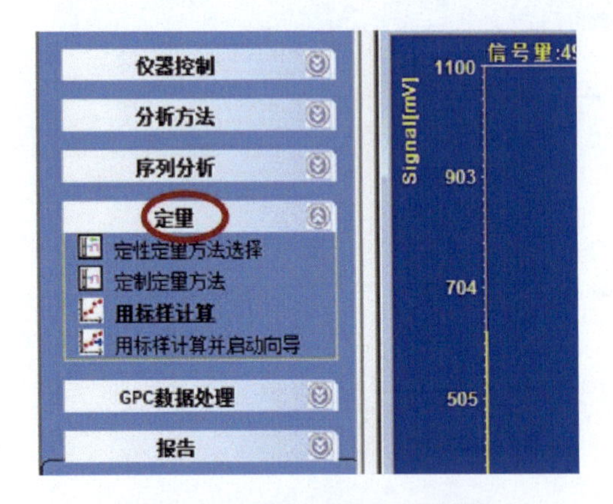

图4-83　打开左侧菜单“定量”

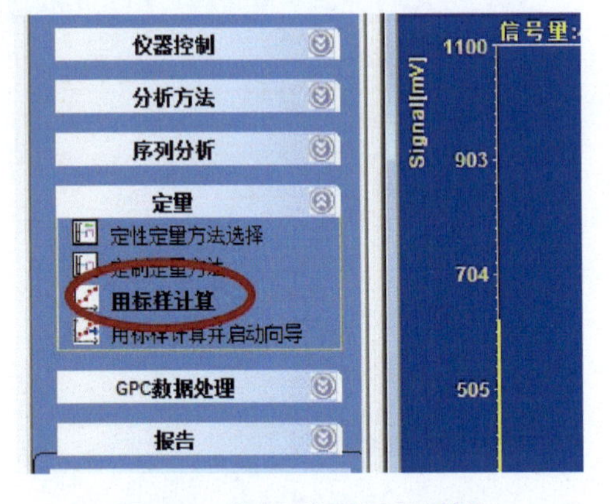

图4-84　选择“用标样计算”

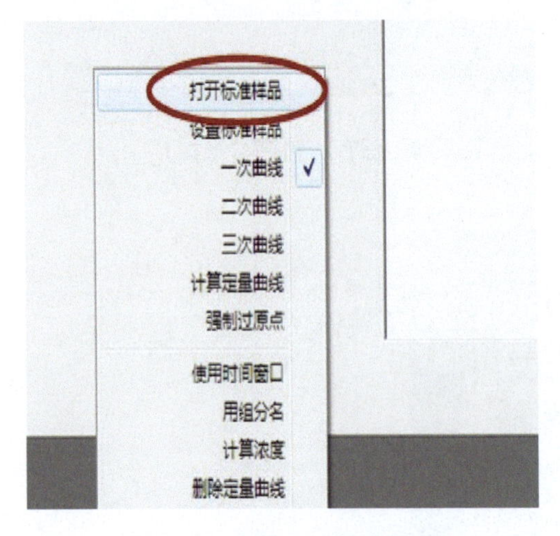

图4-85　右键打开标准样品

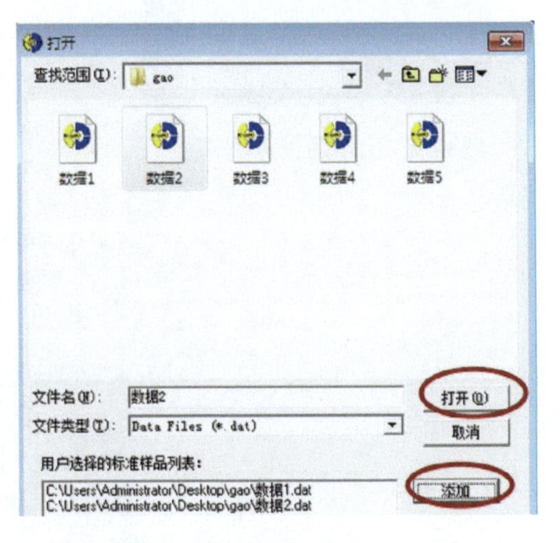

图4-86　逐个添加标样，打开

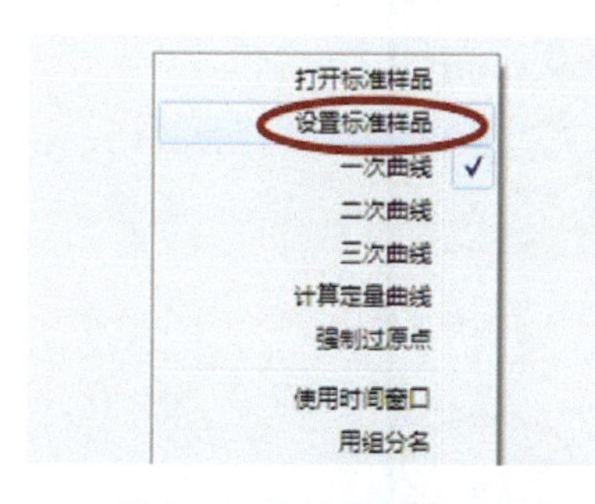

图4-87　右键设置标准样品

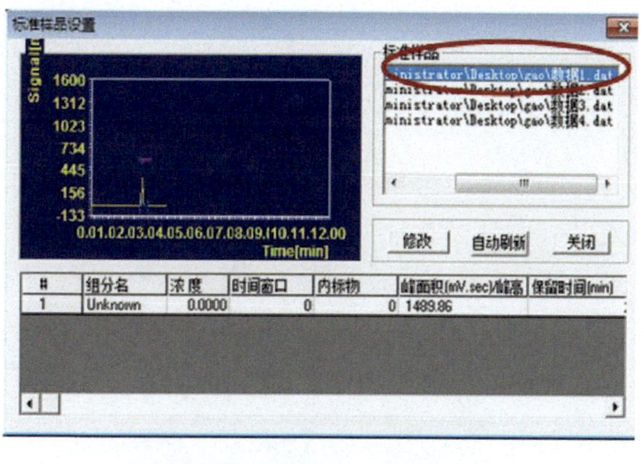

图4-88　单击第一个文件名

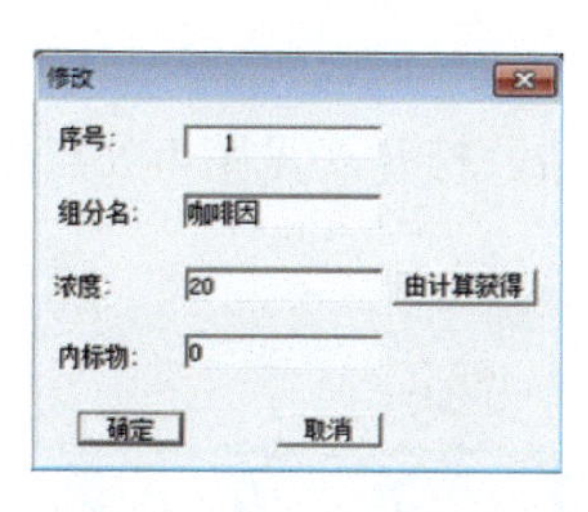

图4-89　双击下面菜单，输入浓度值，点确定

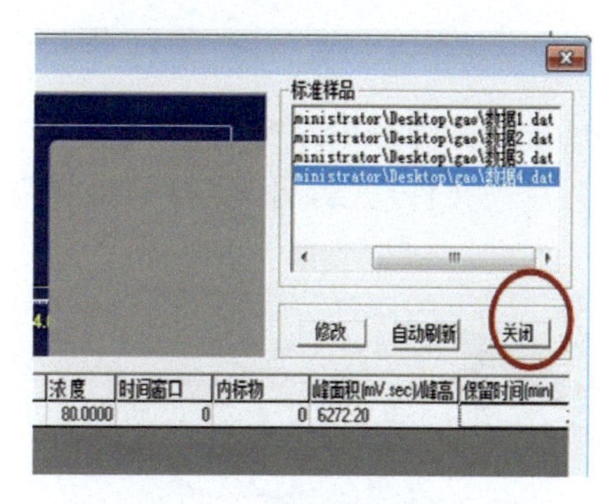

图4-90　输入标样浓度后，关闭

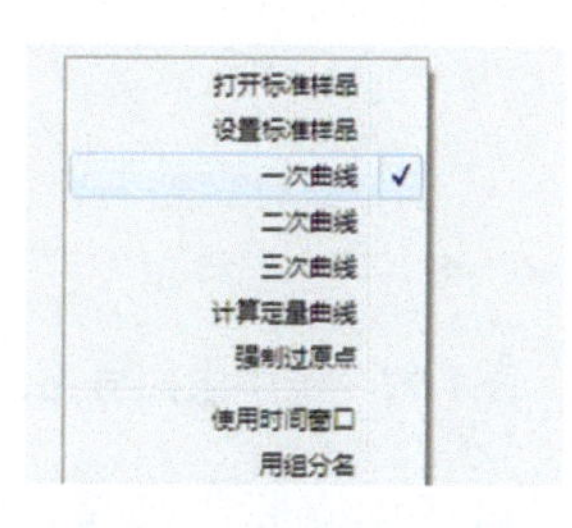

图4-91　右键选一次曲线

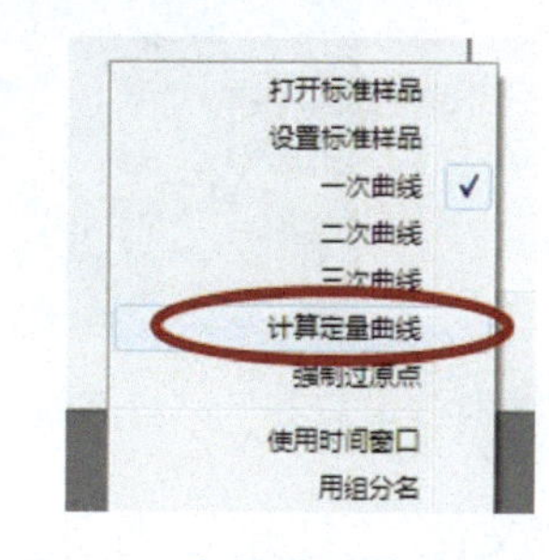

图4-92　右键选计算定量曲线

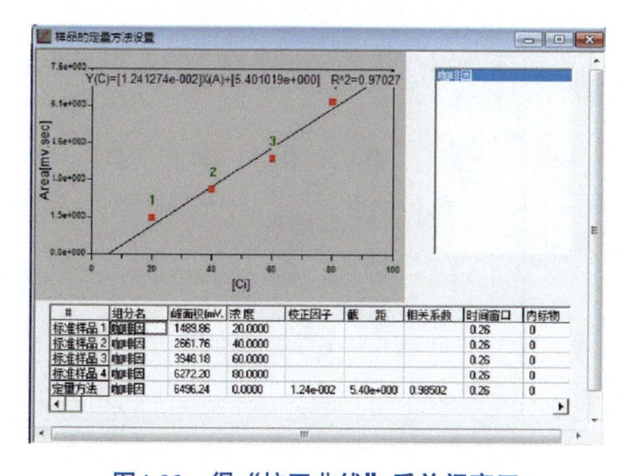

图4-93　得“校正曲线”后关闭窗口

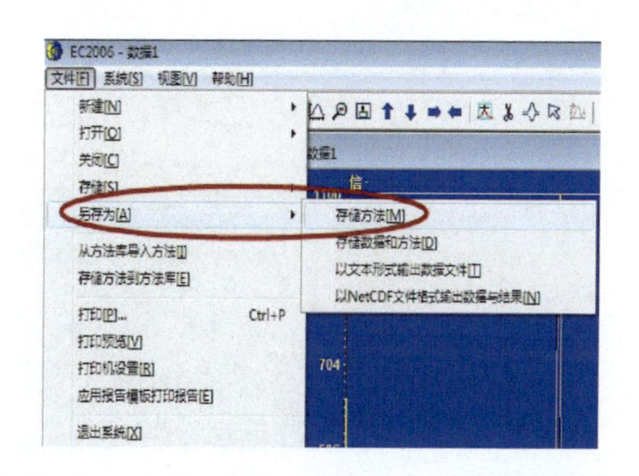

图4-94　点“文件”“另存为”“存储方法”

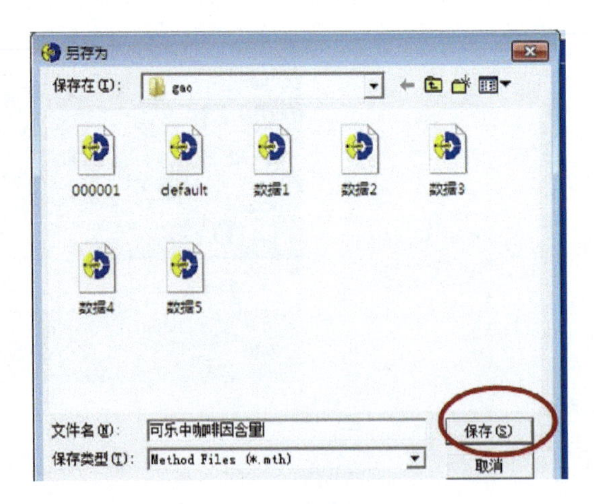

图4-95　取名后，保存

（11）计算样品中组分含量

① 点“文件”“打开”“打开数据”，选中未知样品，打开（见图4-96、图4-97）。

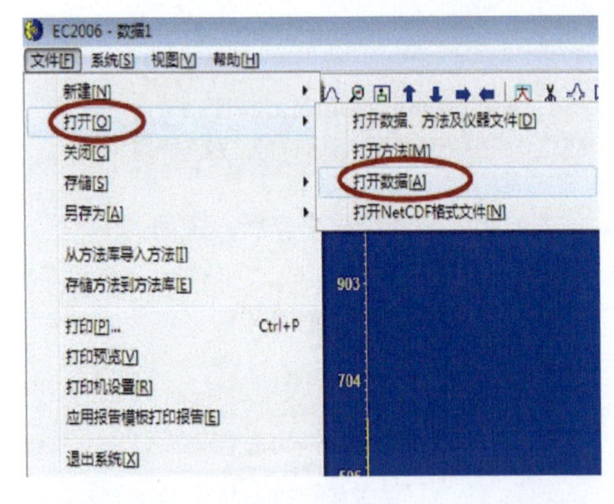

图4-96　点“文件”　“打开”　“打开数据”

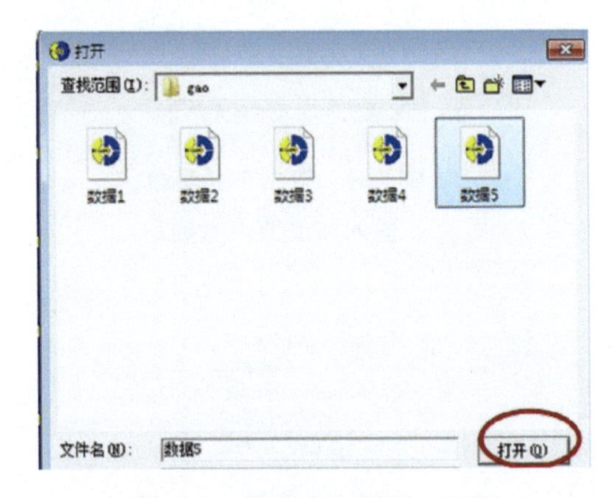

图4-97　选中未知样品，打开

② 点“文件”“打开”“打开方法”，选中定量曲线可乐中咖啡因含量，打开（见图4-98、图4-99）。

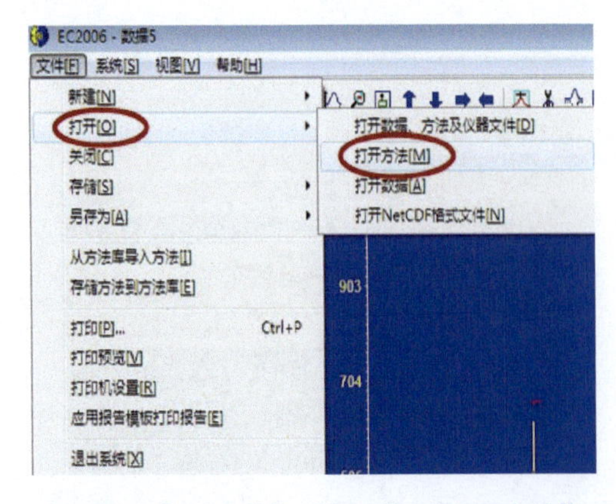

图4-98　点“文件”　“打开”　“打开方法”

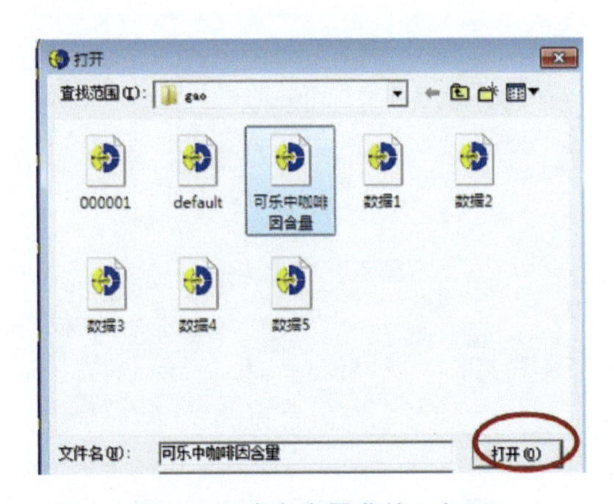

图4-99　选中定量曲线，打开

③ 在屏幕上方点组分表，点右键“计算浓度”，可显示未知样浓度（见图4-100、图4-101）。

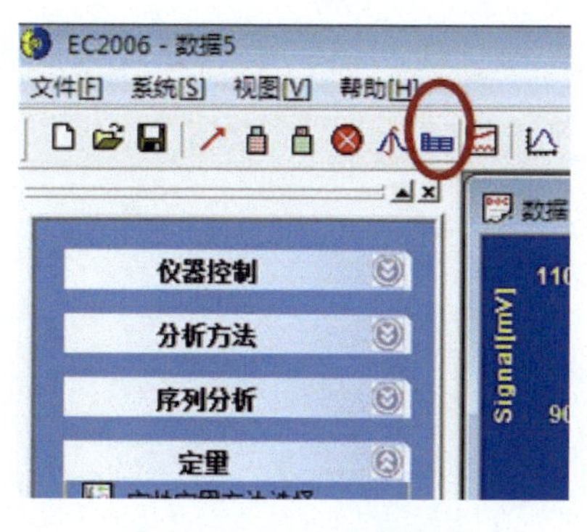

图4-100　点“组分表”

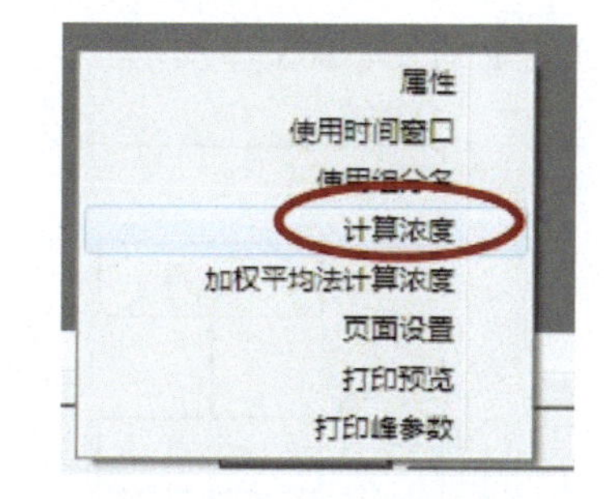

图4-101　点右键“计算浓度”

（12）记录结果于表4-6中。

表4-6　数据记录

峰名	保留时间	峰高	峰面积	浓度/（μg/mL）

（13）待样品完成后，用20mL针筒抽取20mL甲醇溶液，冲洗进样阀（见图4-102）。

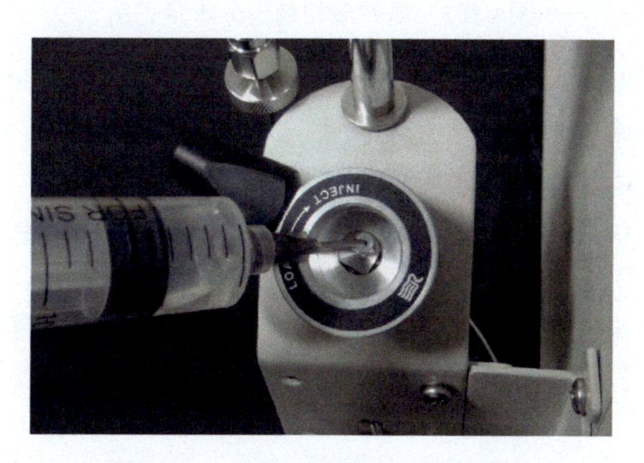

图4-102　抽取甲醇溶液冲洗进样阀

（14）再次更换流动相为纯甲醇运行系统30～60min以保护柱子及仪器，关闭泵、检测器电源，关闭稳压器开关。

知识链接

高效液相色谱

高效液相色谱根据分离的原理不同，可分为四种类型：液-固吸附色谱、液-

液分配色谱、离子交换色谱和凝胶色谱。主要用于分析高沸点有机物、高分子和热稳定性差的化合物以及具有生物活性的物质。

高效液相色谱主要由高压泵、进样装置、分离器、检测器、数据处理系统等组成（见图4-103）。

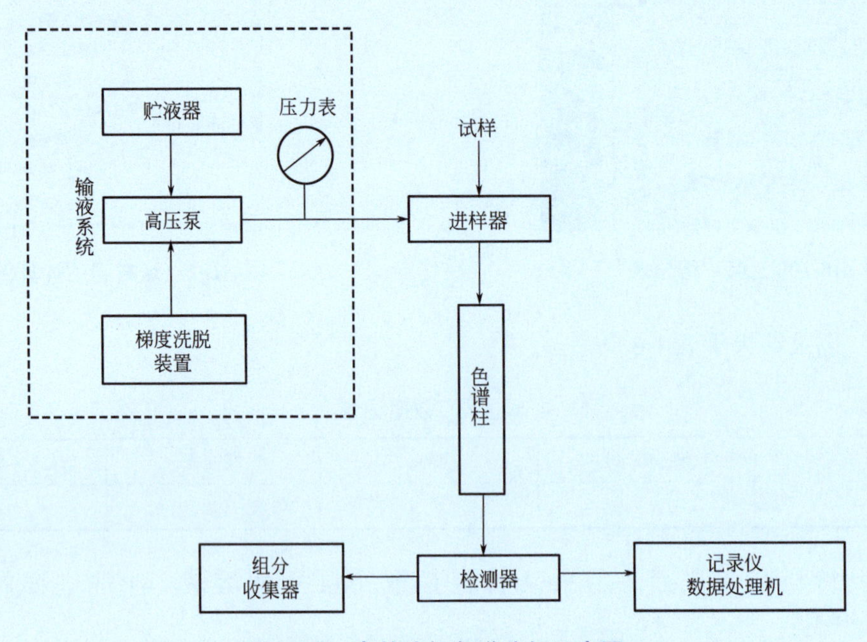

图4-103　高效液相色谱分析示意图

高压输液泵的作用是将流动相以稳定的流速或压力输送到色谱分离系统。

进样装置是将样品溶液准确送入色谱柱的装置，要求是密封性好、死体积小、重复性好，进样引起色谱分离系统的压力和流量波动要很小。

色谱柱是色谱仪的心脏，承担着样品分离作用，对色谱柱的一般要求是柱效高、选择性好、分析速度快。

检测器、高压输液泵、色谱柱是高效液相色谱的三大部件。检测器的作用是检测色谱柱分离出来的被测组分及浓度变化，并转变为电信号。

任务总结

技能点

- 会过滤流动相
- 会对流动相进行超声脱气
- 会配制标准系列溶液
- 会正确进样
- 会使用液相软件

知识点

- 了解高效液相色谱仪
- 绘制标准曲线
- 根据峰面积计算样品浓度

思考题

（1）高效液相色谱仪由哪些部分组成？各部分的作用是什么？

（2）液相色谱流动相必须过滤，其滤膜的粒径是多少？

（3）液相色谱流动相为何要脱气？用何仪器脱气？

（4）本实验选用的实验波长是多少？

（5）小组讨论说一说实验的操作步骤有哪些？

附录

国际原子量表

原子序号	符号	名称	原子量	原子序号	符号	名称	原子量	原子序号	符号	名称	原子量
1	H	氢	1.00794（7）	25	Mn	锰	54.938049（9）	49	In	铟	114.818（3）
2	He	氦	4.002602（2）	26	Fe	铁	55.845（2）	50	Sn	锡	118.71（7）
3	Li	锂	[6.941（2）]	27	Co	钴	58.9332（9）	51	Sb	锑	121.76（1）
4	Be	铍	9.012182（3）	28	Ni	镍	58.6934（2）	52	Te	碲	127.6（3）
5	B	硼	10.811（7）	29	Cu	铜	63.546（3）	53	I	碘	126.90447（3）
6	C	碳	12.0107（8）	30	Zn	锌	65.39（2）	54	Xe	氙	131.29（2）
7	N	氮	14.00674（7）	31	Ga	镓	69.723（1）	55	Cs	铯	132.90545（2）
8	O	氧	15.9994（3）	32	Ge	锗	72.61（2）	56	Ba	钡	137.327（7）
9	F	氟	18.9984032（5）	33	As	砷	74.9216（2）	57	La	镧	138.9055（2）
10	Ne	氖	20.1797（6）	34	Se	硒	78.96（3）	58	Ce	铈	140.116（1）
11	Na	钠	22.98977（2）	35	Br	溴	79.904（1）	59	Pr	镨	140.90765（2）
12	Mg	镁	24.305（6）	36	Kr	氪	83.8（1）	60	Nd	钕	144.24（3）
13	Al	铝	26.981538（2）	37	Rb	铷	85.4678（3）	61	Pm	钷	[145]
14	Si	硅	28.0855（3）	38	Sr	锶	87.62（1）	62	Sm	钐	150.36（3）
15	P	磷	30.973762（4）	39	Y	钇	88.90585（2）	63	Eu	铕	151.964（1）
16	S	硫	32.066（6）	40	Zr	锆	91.224（2）	64	Gd	钆	157.25（3）
17	Cl	氯	35.4527（9）	41	Nb	铌	92.90638（2）	65	Tb	铽	158.92534（2）
18	Ar	氩	39.948（1）	42	Mo	钼	95.94（1）	66	Dy	镝	162.5（3）
19	K	钾	39.0983（1）	43	Tc	锝	[98]	67	Ho	钬	164.93032（2）
20	Ca	钙	40.078（4）	44	Ru	钌	101.07（2）	68	Er	铒	167.26（3）
21	Sc	钪	44.95591（8）	45	Rh	铑	102.9055（2）	69	Tm	铥	168.93421（2）
22	Ti	钛	47.867（1）	46	Pd	钯	106.42（1）	70	Yb	镱	173.04（3）
23	V	钒	50.9415（1）	47	Ag	银	107.8682（2）	71	Lu	镥	174.967（1）
24	Cr	铬	51.9961（6）	48	Cd	镉	112.411（8）	72	Hf	铪	178.49（2）

续表

原子序号	符号	名称	原子量	原子序号	符号	名称	原子量	原子序号	符号	名称	原子量
73	Ta	钽	180.9479（1）	87	Fr	钫	[223]	101	Md	钔	[258]
74	W	钨	183.84（1）	88	Ra	镭	[226]	102	No	锘	[259]
75	Re	铼	186.207（1）	89	Ac	锕	[227]	103	Lr	铹	[260]
76	Os	锇	190.23（3）	90	Th	钍	232.0381（1）	104	Rf	𬬻	[261]
77	Ir	铱	192.217（3）	91	Pa	镤	231.03588（2）	105	Db	𬭊	[262]
78	Pt	铂	195.078（2）	92	U	铀	238.0289（1）	106	Sg	𬭳	[263]
79	Au	金	196.96655（2）	93	Np	镎	[237]	107	Bh	𬭛	[264]
80	Hg	汞	200.59（2）	94	Pu	钚	[244]	108	Hs	𬭶	[265]
81	Tl	铊	204.3833（2）	95	Am	镅	[243]	109	Mt	鿏	[266]
82	Pb	铅	207.2（1）	96	Cm	锔	[247]	110	Ds	𫟼	[269]
83	Bi	铋	208.98038（2）	97	Bk	锫	[247]	111	Rg	𬬭	[272]
84	Po	钋	[210]	98	Cf	锎	[251]				
85	At	砹	[210]	99	Es	锿	[252]				
86	Rn	氡	[222]	100	Fm	镄	[257]				

参考文献

[1] 谭湘成．仪器分析．第3版．北京：化学工业出版社，2008．
[2] 穆华荣，陈志超．仪器分析实验．第2版．北京：化学工业出版社，2003．
[3] 魏培海，曹国庆．仪器分析．第2版．北京：高等教育出版社，2012．
[4] 干洪珍．化工分析．北京：化学工业出版社，2010．
[5] 刘斌，张龙．分析化学．北京：高等教育出版社，2012．
[6] 董艳杰，陈亚东．化工产品检验．北京：高等教育出版社，2013．